OTRO LUIS BUÑUEL

MIGUEL MARÍAS

OTRO LUIS BUÑUEL

CINE

ATHENAICA

ATHENAICA

Primera edición: septiembre, 2025

c/ González Cuadrado, 46, 1A 41003 Sevilla (España)
www.athenaica.com
athenaica@athenaica.com
Fotografía de cubierta: Luis Buñuel con Jeanne Moreau
durante el rodaje de *Le Journal d'une femme de chambre*, 1964,
Snap/Shutterstock
Imprime: Kadmos

Esta obra ha recibido una ayuda a la edición del Ministerio de Cultura

DEPÓSITO LEGAL: SE 1314-2025
ISBN: 978-84-19874-59-7

ÍNDICE

INTRODUCCIÓN

¿DEMASIADO PARA NOSOTROS? EXPLICACIÓN DE UNA LARGA HISTORIA

Empecé a pensar y escribir este libro, creo, hacia 1969, coincidiendo con la proyección —algo silenciosamente polémica— en el festival de Valladolid de *Simón del desierto* (1964/5) y *La Voie Lactée* (1968/9), y he venido haciendo ambas cosas, con múltiples interrupciones, dudas, desistimientos, revisiones, abandonos, desánimos e incidencias varias, desde entonces. No se entienda que llevo más de 55 años escribiéndolo, pero no sería inexacto decir que llevo todo ese tiempo dándole vueltas, revisitando una y otra vez las películas de Luis Buñuel, cambiando (no mucho, acaso marginalmente) de opinión sobre algunas de ellas, y pensando...

Hubo en varias ocasiones momentos en los que decidí no continuar el libro empezado, y en parte sustancial escrito y reescrito entre 1969 y 1983, cuyo original y copia estuvieron durante años perdidos y luego, mucho después, fueron reencontrados. También me desanimaba ver, en algunas librerías, que cada vez que miraba se había incrementado la parte de estanterías ocupada por nuevos libros sobre Buñuel, a menudo muy gruesos. Hasta llegó un día en el que pensé que ya no era un libro indispensable ni siquiera para mí, pues por fin existían tres —más algunos artículos de gente como Víctor Erice, Paulino Viota o Xavier Bermúdez, curiosamente directores— de cuya suma podía extraerse lo que a mi entender sería un retrato fiel del cine de Buñuel. Me refiero a *Buñuel por Buñuel (Conversaciones con Luis Buñuel)* de Tomás Pérez Turrent & José de la Colina (Plot, 1993), *Luis Buñuel, novela* de Max Aub (Cuadernos del Vigía, 2013)[*] y, sobre todo, *Buñuel despierta* (Oportet, 2016), traducción de *Le Réveil de Buñuel* (2011) de Jean-Claude Carrière.

Cuando se me metió en la cabeza escribir las primeras partes de lo que sigue, tenía, creo ahora, la osadía de los veinteañeros de finales de los 60 del pasado siglo XX. En la actualidad, me parece que ese texto, que aún hoy suscribo prácticamente en su totalidad, pecaba de presuntuosidad y, aún peor, podría parecer insultante o resultar ofensivo tanto por mención como por omisión. Que mi visión de Buñuel no coincidiera (y siga sin hacerlo) con la de la mayor parte tanto de sus exégetas como de sus detractores no me hace creerme en posesión de la verdad. Como el propio Buñuel muestra repetidamente en sus diálogos con Tomás Pérez Turrent y José de la Colina, pese a ser contrario al simbolismo, y por tanto a algunas interpretaciones que encontraba ajenas por completo a sus intenciones, se mostraba dispuesto, hasta con cierto grado de curiosidad, a escuchar otras visiones de su obra y aceptarlas como un derecho de cada espectador, aunque dejara

*. Con posterioridad ha sido publicada una versión íntegra y corregida de este proyecto inacabado: Jordi Xifra (ed.), *Max Aub/Buñuel. Todas las conversaciones*, 2 vols., I. *El hombre*, II. *El artista*, PUZ, Zaragoza, 2020.

claro que no las compartía o que las encontraba muy dudosas. Así que no voy a ser más papista que el Papa y negar todas las versiones de Buñuel que no coincidan (a veces realmente en nada) con la mía, porque estaría desacreditando *a priori* la que propongo. Y como no soy nada «canónico» ni «normativo», no se me ocurre pretender que mi modo de entender a Buñuel sea el único acertado o válido, ni el mejor, sino uno más, otro más, simplemente el mío (y no tengo otro), con el que tal vez algún espectador y lector se pueda sentir más próximo.

Sobre Luis Buñuel se ha escrito mucho, probablemente más de la cuenta. Creo haber leído la mayor parte —al menos, la más famosa y accesible— de la copiosa bibliografía supuestamente dedicada al cineasta, y he tratado de repasarla antes de arrostrar el peligro —para mí y para mis hipotéticos lectores— de añadir una losa más a tan voluminosa y pesada pila de libros y artículos, sin conseguir hallar, en tantas páginas —excepción hecha del puñado de títulos arriba mencionados—, uno que me ilumine, que me enseñe —o recuerde siquiera— algo que sea cierto y a la vez interesante acerca del cine de Buñuel.

En lugar de aproximarnos a su figura o guiarnos a través del frecuente arcano de sus películas, sus exégetas han tendido a servirse de él como pretexto y de su obra como excusa para divagar, raramente con gracia, sobre una porción de temas a menudo tan ajenos a Buñuel como al cine en general o incluso al arte. De ahí la escandalosa inutilidad de casi todo lo que sobre sus películas más famosas y su visión del mundo se ha dicho.

Con esto, como dije, no quiero decretar presuntuosamente que anteriores libros sobre Buñuel sean peores que éste, ni justificar de antemano su probable insuficiencia o pobreza con el pretexto de que, a fin de cuentas, tampoco los demás eran muy brillantes. Acometo la empresa de escribir otro libro sobre Luis Buñuel, uno más, con ánimo de *kamikaze*: no tengo razón para pensar que lo que yo acierte a decir merezca ser leído ni tenido en cuenta, y lamentaría lo indecible ampliar aún más la dilatada sarta de sandeces, falsedades o nimiedades obvias que se han vertido ya a cuento —que no «a propósito»— de Buñuel.

Voy a procurar, en consecuencia, ser tan breve como me sea posible; de ese modo, confío en que no sean muchas las tonterías que añada ni excesivo el tiempo que haga malgastar a quien se aventure a leerme. Trataré, además, de no repetir nuevamente lo que todo el mundo sabe acerca de Buñuel antes de ver una sola de sus creaciones, ni la abundante información puesta a disposición, en primer lugar por J. Francisco Aranda (en *Luis Buñuel. Biografía crítica*, Lumen, 1973), de los que quieran detalles de la vida y las andanzas de Don Luis.

Como no soy partidario de las definiciones negativas, voy a intentar fijar mis objetivos. En primer lugar, que el divertido cineasta que motiva estas páginas no se hubiera partido de risa —cosa que seguro le sucedió a menudo— ni muerto de aburrimiento o hubiera creído que estaba hablando de otra persona si este librito hubiera caído en sus manos cuando aún vivía. En segundo término, quisiera ser tan claro y preciso como esté a mi alcance, y rehuir los excesos interpretativos de los que tan asiduamente han sido víctimas propiciatorias los films de Buñuel. Como, al mismo tiempo, me propongo eludir, en lo posible, los tópicos más manidos —por exactos o veraces que sean—, advierto que no voy a contar la vida de Buñuel, ni a disertar sobre su «españolidad»; no perderé un tiempo y un espacio que deseo escasos en compendiar una «introducción al surrealismo» ni en darme un paseo retórico por Calanda —a donde nunca iré en peregrinación y que nunca he pisado— a fin de especular acerca de las concomitancias que quepa establecer entre su hijo más famoso y otros artistas —de Francisco de Goya a Carlos Saura— nacidos en tierras de Aragón. Voy, pues, a limitar mi atención a lo que de verdad me importa de Buñuel: sus películas; para ser exacto desde el principio, las que he visto: todas, incluso las que meramente «supervisó» —no ha llegado a esclarecerse en qué medida— en España durante la II República.

De este modo, espero conseguir mi tercer objetivo: despejar ciertos malentendidos —no siempre involuntarios— y, si hay suerte, contribuir a que algún lector comprenda un poco mejor el cine de Luis Buñuel; no por lo que pueda yo explicarle, sino porque lo que diga —equivocado o no, discutible en cualquier caso— acierte a estimularle a pensar por su cuenta, en la dirección que yo señale o en la opuesta, acerca de las películas de Buñuel que conozca, que vea de nuevo o por vez primera en el futuro.

No pido, por consiguiente, crédito alguno para mis afirmaciones; cuanto más simples y tajantes, más deben invitar a la desconfianza y al examen crítico. Que yo lo piense no significa que sea cierto; tampoco necesariamente que sea falso. Cada cual debe dedicar el tiempo que le parezca oportuno a analizar la obra de los cineastas que despierten su interés, sin que la mera acumulación de horas presuponga una posición de ventaja o superioridad: hay gente que ve en un segundo, a primera vista, más que otras personas tras años de estudios microscópicos.

Sé que desde ciertas parcelas se descalificará *a priori* y globalmente este libro, por bien que salga, aduciendo —aunque las causas sean otras, si las hay— la *falta de método* con que está hecho. Pienso que, si hasta en la locura de Hamlet había método, tal vez sea más valioso tratar de ver sin anteojeras y procurar que le lean a uno sin necesidad de recurrir al diccionario (francés).

Creo también que no hay que dejar que sean siempre *ellos* los que inventen; tras tantos «Bunueles» imaginados por franceses o ingleses, ya es hora de que los españoles recuperemos, sin excesivos respetos, la figura de la que —primero unos, luego algunos de sus pretendidos oponentes— siempre trataron de privarnos, tal vez por creer que era la única que valía la pena.

Lamentaré, por último, que el que me ocupe yo de escribir este libro dificulte que hagan lo propio dos o tres amigos que dirían otras cosas, para mí más interesantes, acerca de Buñuel, pero de eso tienen más culpa los cinéfilos de este país —poco lectores, según me dicen— que los editores.

OTRO LUIS BUÑUEL

¿Cómo, otro Luis Buñuel? ¿Todavía uno más? Sí, otro que añadir a la montaña de libros —no digamos ensayos, tesis y tesinas, artículos, panfletos, loas, glosas, ditirambos, manifiestos, poemas, proclamas, críticas, reseñas, interpretaciones, arengas, extrapolaciones, noticias, leyendas, anécdotas, fábulas, narraciones apócrifas, mitos, delirios y divagaciones— acerca de su obra y su persona o que las toman como pretexto, punto de partida y trampolín, a veces coartada.

Desde hace mucho y sin apenas interrupción, casi todos los años —sin apenas dar respiro— se publica un libro más «sobre» Buñuel en algún lugar del mundo. Es, sin duda, el autor cinematográfico —con Orson Welles, Charlie Chaplin (más como actor que como director), John Ford, Alfred Hitchcock y tal vez Sergei M. Eisenstein y Jean-Luc Godard— que ha suscitado una más vasta bibliografía (que se vería caudalosa y agobiantemente acrecentada, como era de temer, durante el año 2000, con ocasión del centenario de su nacimiento).

Pero es también *otro* Buñuel. Un Buñuel que, inevitablemente, y sin que yo me lo proponga en absoluto como meta, será distinto de los demás. Aseguro al lector que, si existiera algún libro *sobre* Buñuel que encontrase plenamente satisfactorio, en el que viese suficientemente reflejado y explicado lo que pienso de su cine y las impresiones y sentimientos que me procuran sus películas, no tendría ocasión de sostener éste en sus manos. No le hubiese dedicado la reflexión y el trabajo que supone ni el escaso tiempo libre del que dispongo simplemente para añadir uno más al montón, cada vez más inabarcable (e incluso económicamente inasequible), si ya hubiese alguno que me pareciese siquiera en buena parte convincente y razonable, es decir, que diese cuenta *también* de los aspectos joviales, bromistas, chistosos, jocosos, divertidos de su obra, y no se concentrase exclusivamente en el lado más culturalmente «trascendente» o al menos «respetable» (o «provocador», que viene a ser lo mismo, desde otra perspectiva) de su visión del mundo, con lo que automáticamente se minimiza uno de sus rasgos para mí fundamentales y se le priva *a posteriori* (anulándola) del arma más poderosa de la que se sirvió durante toda su carrera, mutilando las películas de una forma más grave y duradera que cualquiera de las censuras que se intentaron cebar con algunas de ellas; o que no se sirviera de Buñuel como mero pretexto para otro tipo de disquisiciones, o que no fuera excesivamente esquemático, o que, simplemente, me divirtiera leer, a pesar de que pueda suministrar alguna información no del todo ociosa o contener algunas ideas interesantes y hasta excepcionalmente certeras.

Por desgracia para mí, no es precisamente eso lo que sucede, sino más bien, mayoritariamente, algo bien distinto, por no decir lo contrario, y si finalmente lo escribo, después de muchas dudas y abandonos temporales, es para dar una visión más, la mía —subjetiva, *como todas*, aunque basada y fundamentada principal y casi exclusivamente *en sus películas*, vistas todas ellas en multitud de ocasiones en el curso del tiempo, y revisadas varias veces más recientemente, tanto en orden cronológico como en el desorden en apariencia caprichoso que dictan las asociaciones de ideas o de imágenes—, de su cine, que a lo mejor —vaya usted a saber— se acerca un poco más a la de algún otro lector, al menos en parte, o le sugiere a alguien cosas que otros habían pasado por alto o de las que ese u otro lector, en cuanto espectador, no se había percatado. Es, sin duda, una motivación insuficiente. Y que no era una tarea urgente, ni siquiera para mí. Buñuel, ciertamente, no precisa de abogados defensores ni de exégetas; más bien le sobrarían, y algunos le han supuesto una pesada carga, lo mismo que las legiones de autoproclamados «discípulos» que, copiándole algún detalle superficial y anecdótico, han tratado así de atraer la atención de la crítica o de ganarse mediante ese «guiño de complicidad» la adhesión ideológica de una parte de los críticos y espectadores, al menos los que admiran a Buñuel.

Por eso, quizá echen de menos otras actividades de Buñuel de las que he prescindido, como sus críticas de cine, algunos poemas, otros escritos o sus notables fotografías (*México fotografiado por Luis Buñuel*, Filmoteca Española-Centro Buñuel de Calanda, 2008). Tampoco he creído suficientemente interesante comentar algunos proyectos no realizados: de la excelente novela de Matthew G. Lewis *The Monk* (El monje), tras dos tentativas fallidas, en décadas anteriores, llegó a escribir un guión con Jean-Claude Carrière que cedió a Adonis (Ado) Kyrou, quien, a partir del cual, con otros colaboradores, finalmente realizó una película, *Le Moine* (1972), con Franco Nero, Nathalie Delon, Nicol Williamson y Nadja Tiller, que me parece un auténtico y nada buñueliano desastre (también me lo parece, ya sin base buñueliana, la versión de *Le Moine* dirigida en 2011 por Dominik Moll). Buñuel también acarició la idea de hacer una película a partir de *Là-bas* de J.-K. Huysmans, pero, aparte de que la figura histórica de Gilles de Rais me parezca muy poco emparentable con los personajes más característicos de Buñuel, me temo que adaptar esa novela pudiera desembocar en un tipo de estructura acumulativa parecida a la de *La Voie Lactée*. En consecuencia, no encuentro deplorable que no lograra realizar esos dos proyectos, y en cambio celebro que consiguiera adaptar *Wuthering Heights* (Cumbres borrascosas) de Emily Brontë en los años 50 y no en los 30, aunque fuese en México y no en Europa.

Buñuel es, evidentemente, uno de los cineastas más famosos, elogiados, celebrados y exaltados a la gloria de toda la Historia del Cine, y así ha sido siempre, pese a recibir también, desde sus primeras incursiones en el medio hasta las últimas, algunos ataques hoy olvidados y que se nos antojan risibles, cuando no inverosímiles. Con algún que otro eclipse temporal —entre 1930 y 1950 se le consideró una figura perteneciente al pasado, y probablemente sin futuro, pero no se le olvidó—, lo cierto es que Buñuel, además, ha logrado mantenerse en la cima de las «cotizaciones» de críticos, historiadores, aficionados, cineastas y artistas en general del mundo entero. Y no digamos de los profanos o los que desprecian habitualmente el cine: estos *dilettanti* suelen salvar de la quema a unos pocos cineastas, y entre ellos Buñuel ha ocupado siempre un lugar privilegiado. Que así haya sucedido no deja de ser extraño, ya que poco se esforzó Buñuel por conseguirlo, y se debe, sin duda, a una serie de malentendidos, muchos de ellos perpetuados y cultivados perezosa o interesadamente por los autoproclamados administradores de su legado.

Pese a no pocos ataques sesgados y apriorísticos por parte de intolerantes de variados pelajes —que, sin duda, a veces provocaron la hilaridad de Buñuel, aunque en alguna ocasión le dolieran o le perjudicasen personal o profesionalmente—, dirigidos más a su figura pública o a lo que se suponía que representaba que a las películas concretas (que no solían molestarse en ver, y que verosímilmente no hubiesen entendido), y a ciertas reticencias por parte de otros —en general motivadas, sospecho, más que por el propio cine de Buñuel, por su reputación, por otros prejuicios basados en la imagen que de él hacían circular algunos, si no la mayoría, de sus partidarios y exégetas—, es evidente que hoy no es preciso vindicar su figura ni hay nadie, creo, a quien aún sea posible hacer el favor de «descubrírselo» o «revelárselo» como uno de los más grandes cineastas, sin que ello signifique, desgraciadamente, que sea un cineasta de verdad conocido y entendido cabalmente, sino más bien que «se da por supuesto».

Es más que probable que las celebraciones del ya distante año 2000 produjeran tal saturación de loas fúnebres que nos dejaran ahítos y «vacunados» de Buñuel para una temporada, si es que no consiguieron sepultarlo definitivamente en un lujoso mausoleo de papel *couché* e iconografía fetichista, como algunos de sus más advenedizos cantores de última hora parecen, en el fondo, haberse propuesto. Es posible que hasta sus películas más modestas y antaño recónditas —cuando no invisibles, escandalosas o prohibidas— se hayan programado reiteradamente hasta causar hastío en todas y cada una de las cadenas de televisión, públicas y privadas, abiertas o codificadas, gratuitas o de pago, así como que, con unas cuantas excepciones, estén disponibles en vídeo y en sus sucesivos reemplazos tecnológicamente más avanzados (Laser Disc, DVD, Blu-ray) o en diversas «plataformas», es decir, a disposición de todo aquel que quiera formarse una opinión por su cuenta. Lo cual, por lo demás, no parece lo más frecuente.

A pesar de todo ello, y de los ríos de tinta vertidos —se diría que siempre a punto de desbordarse y derramarse— acerca de su vida, su cine, sus proyectos no realizados, sus amistades y conocidos, sus escritos y sus otras actividades más o menos marginales, y su muy peculiar carácter, que sin duda habrán obligado indirectamente a talar bosques enteros, mucho me temo que no se pueda contar a Don Luis Buñuel entre los directores de cine mejor comprendidos ni entre los más fiel y rigurosamente analizados.

Para empezar, siento decir que la mayoría de sus exégetas ajenos a la cultura hispánica —y son legión, y a menudo muy ilustres, incluso muy certeros en otras ocasiones o a propósito de otros cineastas— apenas se han enterado, o, a lo sumo, «de la misa la media», según reza la expresión popular, y eso sin descontar del saldo los malentendidos, las caricaturas y las interpretaciones sencillamente disparatadas, con las que sería posible y regocijante —aunque, sin duda, tan cruel como poco productivo— engarzar un voluminoso florilegio de despropósitos que resultaría francamente hilarante, cuando no alucinógeno o, según el humor de que estuviésemos al echarle un vistazo, para echarse a llorar.

En el caso de los anglosajones, se atraviesan a veces reacciones histéricas hacia los aspectos más «políticamente incorrectos» o menos «civilizados» del cine de Buñuel (animales, tullidos, ciegos malvados, acosos sexuales impunes, ciertas bromas improcedentes, pobres inmisericordes o perversos, trabajadores insolidarios, conductas inadmisibles, actitudes machistas, ausencia total de finales optimistas o esperanzadores, irreverencias varias), que compensan su menor predisposición a escandalizarse por sus supuestas blasfemias, a las que son más susceptibles, en cambio, los católicos preconciliares.

En el de los franceses, aparte de su tradicional propensión a apropiarse de todo lo que huela a grandeza y ponga pie en su territorio —y hay que reconocer que Buñuel hizo bastante más que eso, y que siempre debió su prestigio a la capacidad de promoción de que hacen gala los franceses—, habría que recorrer sus escritos con un cedazo, para filtrar tanto los errores derivados de su desconocimiento casi total de lo español como sus excesos interpretativos —freudianos, foucaultianos o lacanianos, tanto da—, y es preciso lamentar que siempre hayan tendido a minimizar interesadamente la etapa mexicana de su carrera (con el sorprendente beneplácito de la mayor parte de los mexicanos, demasiado modestos o acomplejados o bien incapaces de distinguir las personalísimas películas de Buñuel de las vulgaridades que se rodaban por esas fechas empleando idénticos actores y técnicos y dentro del mismo sistema de producción).

Sin contar que la falta de suntuosidad del cine buñuelesco se les antoja pobreza, cochambre e impericia, cuando no descuido y dejadez, o desidia y vagancia, a unos y a otros, a la mayor parte de los comentaristas españoles suele cegarles o bien un súbito «patrioterismo», que brota de improviso hasta en los terrenos menos sospechosos de portar la bandera en ristre, o un todavía más deplorable desprecio subconsciente hacia lo «contaminado» allende los mares por nuestra propia herencia cultural, agravado por la incomprensión manifiesta (y más bien perezosa) de expresiones mexicanas que son tan castizas como caídas aquí en desuso o que, cuando innovan, demuestran un uso y una evolución de nuestra lengua común mucho más imaginativos e ingeniosos que los que, cada vez más, se pueden detectar entre los castellanoparlantes «peninsulares»; se diría que España está más cerca de los Estados Unidos que el fronterizo México, dada nuestra innecesaria aceptación de anglicismos mal adaptados para cosas o ideas para las que nos sobran nombres y matices en nuestra propia lengua, con la excesiva y perezosa tolerancia de la Real Academia.

Desesperado, pues, de haber coleccionado una bibliografía buñueliana de volumen atosigante, y haber leído o cuando menos inspeccionado atentamente varias obras más de todos los tamaños y de los más sorprendentes enfoques y las más exóticas procedencias, sin lograr una sola vez reencontrar en esos miles de páginas al Buñuel que admiro y que, además, tanto me divierte, me he decidido a proseguir, rehacer y concluir un libro que empecé a escribir hace ya muchos años, que tenía a medio elaborar justamente cuando Buñuel falleció y que, por ese motivo, decidí interrumpir —pues detesto la admiración necrófila y su oportunista explotación comercial me parece sencillamente bochornosa—, aunque siempre he mantenido vivo el propósito de completarlo, siquiera por creer, como dice Fritz Lang en *Le Mépris* (1963) de Godard, que «hay que acabar lo que se empieza».

Es un libro, lo admito, seguramente superfluo, que nadie me ha pedido que escriba, que sin duda nadie espera, y que a pocos convencerá de nada, pero que yo siento la imperiosa necesidad de terminar. Se trata de un compromiso particular conmigo mismo y, sin que él pueda saberlo, ni de estar en vida fuera a apreciarlo, con el autor de *El ángel exterminador*, *Ensayo de un crimen*, *Él*, *El gran calavera*, *Los olvidados*, *Abismos de pasión*, *Cet obscur objet du désir*, *Robinson Crusoe*, *The Young One*, *Tristana*, *Subida al cielo*, *Nazarín* y bastantes películas más, casi todas por un motivo u otro ejemplares, al mismo tiempo regocijantes e inquietantes, llenas de humor, de fantasía, de sutileza y de realidad en bruto, que son muy importantes para mí y que han contribuido decisivamente a mi interés por el cine, ensanchando y flexibilizando mi concepción del mismo, con independencia del puesto que les pueda corresponder en la llamada «Historia del Cine», aunque tampoco creo que deba minimizarse su importancia en la evolución de este arte, su excepcional singularidad o el hecho de que, en última instancia, y mientras no se demuestre lo contrario, la de Buñuel es, sin duda, la máxima aportación cinematográfica española, por lo que cualquiera que haga cine en España, o escriba sobre él (que es una manera más barata y modesta de hacerlo), tiene tarde o temprano que enfrentarse con su imponente (pero no en sí misma acomplejante) figura, que es ya hora de que nos vaya resultando un poco más *familiar* y más cercana, y de que deje de ser un «tótem» cultural tan intocable como poco conocido y sólo «de oídas», como sucede, más aún que con el *Quijote*, con el resto de la obra de Cervantes.

No piensen los que me han precedido, me acompañan o cronológicamente me sigan en esta tarea, que desprecio olímpicamente sus aportaciones, por más que algunas me parezcan efectivamente insatisfactorias o inaceptables, ni que trato de minimizar sus logros para abrirme un hueco entre tan concurrida competencia. Tampoco pretendo —queda ya fuera del alcance del que no aspire a la especialización en Buñuel o caiga en el monoteísmo cinematográfico— haber leído cuanto sobre él se ha escrito, y cabe, por tanto, que ignore algún texto que me hubiera dispensado de escribir estas páginas, que al menos me habrán servido para poner en orden mis ideas acerca de lo que realmente me interesa e importa de Buñuel, que no es ni su figura histórica, ni su proyección cultural, ni su influencia, ni sus raíces, ni su biografía, sino, sencillamente, sus películas. Películas a las que espero añadir alguna visión más, después de tantas, antes de que múltiples censuras adicionales se ciernan sobre el cine de Buñuel: temo que los animalistas, las feministas y los partidarios entusiastas —a menudo con la furia del converso— de otros cuantos «ismos» ahora en boga escojan a Buñuel como blanco a abatir o borrar y le atribuyan machismos y crueldades, y conviertan en acosadores y abusadores a personajes suyos que a veces, precisamente, están a punto pero se niegan a serlo o al menos lo reconocen y se arrepienten.

Debo advertir de una circunstancia molesta, y que puede inducir a confusión. Pese a la atención prestada a Buñuel y su obra, encuentro deficientes, confusas, contradictorias o no del todo fiables sus filmografías, lo que hace extremadamente difícil datar con precisión cada una de sus películas. Pese a su acreditada fama de rodar deprisa y montar con rapidez, parecería que ciertas modestas y breves piezas de Buñuel tardaran varios años en hacerse, fenómeno debido, en buena parte, a la muy acomodaticia pero a mi entender muy discutible tendencia dominante a dar como fecha de cada film la de su primera proyección pública conocida, que a menudo, y por causas muy diversas (económicas, comerciales, legales, de censura, de falta de distribuidor o de salas libres), es varios o bastantes meses posterior, a veces años, a su rodaje y terminación. Si son películas coproducidas, oficialmente o no, la cosa se complica, a veces por existir varias versiones. He intentado, por ello, indicar a menudo dos fechas cuando hay discrepancia entre el rodaje y la completa finalización de cada obra y su exhibición en un festival o su estreno comercial en salas.

Otra pesadilla filmográfica es la de los títulos, a menudo cambiantes y ajenos a cualquier lógica en el empleo (con frecuencia abusivo) de las mayúsculas, incluso en países en los que suele haber cierta tendencia a seguir costumbres que de repente se quiebran, tal vez bajo el impulso de diseñadores y publicitarios. Las últimas películas francesas de Buñuel, en los propios títulos de crédito visibles en pantalla, parecen una desmedida (e irregular) orgía «mayuscular»: *Le Charme Discret De La Bourgeoisie*, *Le Fantôme De La Liberté*, *Cet Obscur Objet du Désir*...

A VISTA DE PÁJARO

Si algo distingue la obra de Buñuel es, sobre todo, la enorme variedad de circunstancias en que ha tenido que ejercer su actividad creadora. Desde el benévolo, desinteresado y libérrimo mecenazgo que le permitió realizar un film tan insólito y provocador como *L'Âge d'Or* (1930) hasta la recobrada independencia de sus últimas obras europeas, financiadas por productores afines, respetuosos hasta de sus caprichos, y seguros, además, de la rentabilidad de su inversión, pasando por las diversas limitaciones —graves al principio, luego menos opresivas— de una industria relativamente convencional y subdesarrollada como la mexicana, Buñuel ha rodado en todas las condiciones imaginables y ha conocido también la inactividad forzosa —entre 1936 y 1947, en Estados Unidos y México—. Pocas carreras se han hecho tan a trompicones, con salidas tan brillantes y tan prolongados eclipses, y se han recorrido con tanta modestia y tan pocas quejas. Hay pocos casos de cineastas que alcancen con su primera película —un cortometraje mudo, justo en el momento en que llegó el sonido— tan repentina celebridad y que con la segunda —ya larga— se sitúen a la vanguardia de su época, para desaparecer del mapa poco más tarde y recobrar su antiguo prestigio casi veinte años después, sin por ello dejar de hacer, todavía durante bastante tiempo, pobretonas películas comerciales que otros despreciarían pero que Buñuel, menos pretencioso que la mayor parte de sus colegas, hizo lo mejor que pudo, sin avergonzarse ni fingir superioridad alguna.

Personalmente, tengo la convicción de que la etapa comprendida, aproximadamente, entre su primer y más flojo film mexicano, *Gran Casino/En el viejo Tampico/Tampico* (1946/7), con Jorge Negrete y Libertad Lamarque, y el éxito internacional de *Viridiana* en 1961, tal vez la más prolongada y activa de su carrera, ha sido de una importancia capital, y extremadamente saludable para Buñuel, ya que le permitió adquirir una técnica narrativa de la que había creído posible prescindir y le obligó, tal vez a su pesar, a hacerse mucho más sutil e indirecto, a asimilar una disciplina y unos códigos de representación que de otro modo habría tardado mucho más en conquistar, suponiendo que alguna vez hubiese llegado a proponérselo.

Por eso considero —en contra de la opinión más generalizada tradicionalmente— que el periodo más fértil y admirable de la trayectoria artística de Buñuel es el mexicano, concretamente el comprendido entre 1949 —*El gran calavera*, para mí su primera auténtica obra maestra— y 1962 —*El ángel exterminador*, la más audaz de todas, incluidas las primeras y las últimas—, pese a que también algunas de sus peores películas —y la única que calificaría de casi nula, *La Mort en ce jardin* (1956)— pertenecen a esa etapa, que no fue exclusivamente mexicana.

Esto explica el lugar prominente que va a ocupar en este estudio —a diferencia de lo que suele ocurrir en otros libros sobre Buñuel— el cine realizado en

México por el autor de *Viridiana*. Además de la importancia cualitativa que tiene para mí y del peso cuantitativo que le corresponde en la obra de Buñuel, creo que esta atención preferente se justifica por el relativo desconocimiento de esta etapa, al que se suma el escaso prestigio —al que no es ajena la excesiva o desmemoriada severidad con que Buñuel, *a posteriori*, se ha referido a ellas— y, en consecuencia, el olvido en que se hallan sumidas la mayoría de las películas mexicanas, lo que, a su vez, dificulta su exhibición comercial y hace que los cinéfilos se crean autorizados a prescindir de su visión en las contadísimas ocasiones en que se proyectan en filmotecas, cine-clubs o salas de repertorio.

Hay que tener en cuenta, además, que han sido siempre los franceses los que más se han interesado por el cine de Buñuel, y que sus películas más humorísticas —casi todas mexicanas— son de difícil comprensión para quien desconozca el castellano o sea insensible al peculiar sabor de la forma en que se habla en México esta lengua, y haya de conformarse con la lectura de unos subtítulos que —por lo que he tenido ocasión de comprobar— a veces no captan y hasta traicionan el tono y el sentido de los diálogos y les dan un aire trascendental que en nada responde al original.

Esto no significa que haya que ser español para entender bien a Buñuel —aunque, desde luego, ayuda, o no debiera ser obstáculo—, ni tampoco que el autor de *La Voie Lactée* se desenvuelva mucho mejor cuando rueda en nuestra lengua, ya que entre sus máximas obras hay dos en inglés (*Robinson Crusoe* y *The Young One*) y alguna en francés; lo que quiero decir, como adelanté, es que buena parte de las interpretaciones erróneas de la filmografía de Buñuel se deben a la incomprensión, por parte de la crítica francesa, de su etapa mexicana, que no es muy conocida allí y que ha sido reiteradamente infravalorada.

Creo oportuno advertir que, aunque el conjunto de la obra de Buñuel tiene un nivel muy alto y son contadas las películas fallidas o sin interés, no acierto a detectar en ella un verdadero progreso: no es uno de esos cineastas que, empiecen bien o mal, van madurando con el paso del tiempo y la adquisición de soltura y experiencia, profundizando y enriqueciendo su visión del mundo mientras su estilo se depura y simplifica. Sus películas más apasionantes —que no son las mismas para cada persona, claro está— suelen pertenecer a épocas muy diversas, y están precedidas o seguidas de las menos convincentes o logradas. Tampoco es una obra que llame la atención por su uniformidad; todo lo contrario, sería preciso un brutal esfuerzo de esquematización para no destacar su variedad.

Por eso no he creído pertinente estudiar sus películas siguiendo un orden estrictamente cronológico ni analizarlas una por una con la misma extensión, aunque se termine hablando algo de todas ellas y se siga la obra de principio a fin; me ha parecido más práctico centrarme en las que encuentro más significativas, tanto en sentido positivo como relativamente negativo, e ir relacionándolas en todo momento: también las limitaciones y las concesiones —a sí mismo o a su imagen pública, más que al público o a la industria— forman parte de la personalidad de Buñuel como autor cinematográfico.

Por supuesto que todas estas apreciaciones —que anticipo sin justificarlas por ahora, a modo de advertencia y con la finalidad de señalar mi posición— son muy subjetivas y discutibles; invito, como ya insinué anteriormente, a que el lector las discuta, a que se plantee si piensa o no lo mismo, y por qué motivos. Creo que todo discurso unilateral que no aspire a suscitar la controversia, la discusión y el diálogo está condenado a la esterilidad, y no pretendo que nadie dé por buena, sin analizarla previamente y contrastarla con sus propias opiniones, ninguna de las ideas que expongo.

El objeto de este trabajo no consiste en enseñar una asignatura titulada «Luis Buñuel» de la que, por algún oscuro motivo, se me consideraría conocedor (básicamente, por haber escrito sobre él y su cine en muchas ocasiones), sino —para mí— en tratar de aprender (o de formular con mayor rigor y claridad) algo acerca de su obra, y —para los lectores— en reflexionar sobre Buñuel para, *por su cuenta* aunque tal vez utilizando mi trabajo como trampolín o como una especie de frontón, tratar de descubrir o precisar algo interesante acerca de sus películas. Yo mismo no estoy muy seguro, por ejemplo, de lo que realmente pienso y opino sobre algunas de las obras más famosas de Don Luis, como *Belle de jour* (1966/7), *La Voie Lactée* (1968/9), *Le Charme discret de la bourgeoisie* (1972) y *Le Fantôme de la Liberté* (1974), que se modifican a cada nueva visión, y no siempre en el mismo sentido, ignoro si por culpa mía o por alguna particularidad —¿buena o mala?— de las propias películas. El caso es que de varias de ellas he escrito y hablado con encendido entusiasmo, o he expresado dudas y reservas más o menos serias, que a la siguiente ocasión no me parecían tan claras ni tan graves, del mismo modo que otras veces el entusiasmo se me enfriaba *un poco*: no era nunca que pasase de la admiración a la decepción, simplemente no me satisfacían tanto como en la revisión precedente, sin descartar, por otra parte, que en una visión posterior fuera posible que mi interés se incrementase de nuevo. Señal, en el fondo, de la complejidad del cine de Buñuel y también de su ambigüedad, dos factores que impiden ser excesivamente tajante o considerar como definitivo ningún juicio de valor.

EL OJO DE LA AGUJA

Es frecuente que las películas más famosas de un director no respondan a la idea que previamente, de leídas, nos hemos hecho de ellas, ni tampoco a la que, cuando se conoce la totalidad de su obra, emerge con mayor o menor precisión, amplitud y riqueza.

Con el cine de Buñuel sucede en gran medida lo primero: los cinéfilos de mi generación hemos sido víctimas de nuestras lecturas, ya que a menudo nos era imposible contrastarlas con el objeto real que las suscitaba. Particularmente en los casos de Buñuel y de Eisenstein; teníamos un conocimiento «platónico» de su obra, de forma que la idea de su cine precedía a su «existencia» para nosotros; es decir, creíamos saber mucho acerca de estos cineastas, e imaginábamos sus películas a partir de descripciones, fotografías, críticas, guiones y entrevistas, antes de haber logrado ver ninguna.

Debo confesar que, pese a ser considerados (con sospechosa unanimidad) como dos de los más grandes creadores de la Historia del Cine —y al atractivo adicional que les confería la «persecución» de que eran víctimas en España—, lo que había leído acerca de estos cineastas no me resultaba muy convincente; casi pensé que serían «falsos prestigios». Así, la primera película que vi de cada uno de ellos —que, casualmente, fue en ambos casos la primera que hicieron— constituyó para mí una auténtica y agradable sorpresa: ni *Un chien andalou* (1929) ni *Stachka* (La huelga, 1924) tenían nada que ver, afortunadamente, con lo que tanto parecía entusiasmar a sesudos historiadores y críticos de cine; no eran las pretenciosas antiguallas simbolistas ni las retorcidas y efectistas piezas de museo cargadas de buenas intenciones o mensajes que me había temido, sino obras llenas de fuerza y energía, que a los cuarenta años o más de su realización eran capaces de emocionarme e impresionarme sin necesidad de hacer ningún esfuerzo por «situarme» en la época a la que pertenecían: me hacían el mismo efecto que —por citar películas más recientes que vi por entonces— *Persona* (1966) de Bergman o *Les Carabiniers* (Los carabineros, 1963) de Godard, *De Man die zijn haar kort liet knippen* (El hombre del cráneo rasurado, 1965) de André Delvaux o *Deus e o Diabo na Terra do Sol* (Dios y el diablo en la tierra del sol, 1963) de Glauber Rocha.

Entre 1928 y 1933, Buñuel fue un cineasta libre. Ni siquiera fue prisionero de sí mismo, de su prestigio en otros campos de actividad, de su posición económica, de su ideología o de sus principios estéticos. No contaba con muchos medios, ciertamente, pero con ellos pudo hacer, como tal vez nadie antes ni después, lo que se le antojó. Aunque la época era propicia al desbordamiento, la autoindulgencia y la locura, Buñuel no dio rienda suelta a su imaginación caprichosamente, sino con un rigor y una lógica que no por apartarse de lo considerado normal y aceptable pueden negarse.

Admito que *Un chien andalou* es, desde una perspectiva racionalista, casi incomprensible, lo mismo que, en medida solo levemente menor, *L'Âge d'Or*, pero eso no significa que ninguna de ellas sea absurda, es decir, carente de sentido, como se ocupó de demostrar su corolario, *Las Hurdes* o *Terre sans pain* (1932/3), quizá, a mi juicio, el primer documental *total* —es decir, no limitado a la realidad aparente— de la historia del cine, y posiblemente el más surrealista de los primeros films de Buñuel. Lo que sucede es que ninguno de ellos —tres cortos y un no demasiado largo— tiene mucho que ver con el cine habitual de su tiempo, ni de ningún otro, precisamente por no proponerse narrar una historia ni filmar objetivamente una representación dramática, sin por ello caer en la abstracción ni permitir lectura simbólica alguna, cualquiera que sea la clave con que se trate de penetrar sus misterios: ni la clave psicoanalítica es operante, ni la interpretación esotérica conduce a ningún sitio. Son películas que hay que aceptar o rechazar en bloque, y cuya existencia salta demasiado a la vista como para que sea posible negar su fuerza; por eso se ha intentado, desde las posiciones más diversas, encerrarlas en vitrinas de museo, bien acristaladas y con una etiqueta lo suficientemente pomposa y simplificadora como para cortar el paso a todo intento de reflexión que permita de verdad acompañar a Buñuel en el aventurado e imprevisible viaje que suponen estas películas.

Por si no bastara con ello, *L'Âge d'Or* no se estrenó comercialmente en muchos países, y se proyecta muy de tarde en tarde: parece que su poder de provocación no se ha desvanecido aún completamente, y que su duración la hace más resistente a la manipulación interpretativa o la «degustación» como pieza exótica que *Un chien andalou* o *Las Hurdes*, convertidas desde hace tiempo en «clásicos» de cinemateca o cine-club, en obras de importancia estética o documental incuestionable pero ya «histórica»; *L'Âge d'Or*, en cambio, permanece viva, actual y en vigor, tan inasible e inasimilable en su totalidad como unos cuantos planos de los dos cortos que dentro de veinte años obligarán a muchos, lo mismo que ahora o que hace cincuenta años, a cerrar los ojos o apartar su mirada de la pantalla.

Es cierto que entre los films realizados por Buñuel en el periodo 1928-1933 y el resto de su obra hay una ruptura tajante. Lo mismo *Susana* que *Le Charme discret de la bourgeoisie* son otro tipo de cine, y representan una forma diferente de relacionarse con el espectador, de servirse de la cámara o de abordar las intrincadas fronteras que unen —más que separan— la ficción y la realidad.

Sin embargo, eso no significa que pueda prescindirse de los primeros pasos de Buñuel, no sólo por su interés propio ni por su presunta importancia histórica, sino porque su conocimiento es fundamental si se desea llegar a comprender su trayectoria posterior: en *Un chien andalou*, *L'Âge d'Or* y *Las Hurdes* se encuentran las raíces y las claves de la obra completa de Buñuel. Son, por ello, una buena puerta trasera por la que intentar colarse de rondón en la casa encantada.

No obstante, creo preciso explicar por qué he hablado de tres cortos y un largo, e insinuado, además, que el corto cuya existencia se ignoró hasta 1988 y que no mucha gente habrá visto, aunque esté realizado por Buñuel, tiene muy poco que ver con su obra (y, por lo tanto, no voy a hablar más acerca de esta curiosidad). Se trata de una *home movie* muda —una película casera, aunque rodada al parecer en 35mm— de 4 minutos de duración, que muestra la imponente casa, con jardines inmensos y ascendentes —muy del estilo de la que se puede ver en la extraordinaria *La Femme révée* (1929) de Jean Durand— que tenían en 1930 en Cadaqués el notario Salvador Dalí i Cusí, padre del pintor, y Catalina Domènech i Ferrés. Vemos a la pareja, él con su pipa, con un perro, y finalmente contemplamos al notario partiendo y comiendo erizos de mar. El corto se ha exhibido como *Manjant garotes* (en Francia *En mangeant des oursins*) y data de 1930, justo antes del rodaje de *L'Âge d'Or*. Está bien filmado, con la ayuda del director de fotografía Albert Duverger, pero, siento decirlo, me parece que pertenece al terreno del fetichismo más que al de la cinefilia, y que —como era imaginable— ilumina tanto la carrera y el carácter de Buñuel como los recibos de su lavandería. Se puede ver en http//www.bunuelcalanda.com y hay un libro sobre el corto en las Éditions Yellow Now, 2023[*].

*. Jordi Xifra, *Menjant garotes* [*En mangeant des oursins*] *de Luis Buñuel*, Yellow Now, Crisnée, 2023.

LA PREMONICIÓN DEL PERRO

Si hay en el cine alguna obra realmente inexpugnable a los asaltos de la interpretación es, sin duda, la de Buñuel, en particular las películas más directamente contagiadas del espíritu impulsor del movimiento surrealista, es decir, las tres primeras y la que realizó —tardíamente, pues era un viejo proyecto— en cuanto volvió a disponer de libertad total: *El ángel exterminador*.

Lo curioso es que la más plenamente surrealista —a mi entender— nunca ha planteado problemas de interpretación: nadie piensa que no se entienda, ni siente una desazonadora inseguridad con respecto a lo que desfila ante sus ojos en la pantalla, porque pasa por ser un documental, lo mismo que *Nanook of the North* (Nanuk, el esquimal, 1922) de Flaherty o los de John Grierson, Humphrey Jennings y Basil Wright. Todo el mundo comprende *Terre sans pain*; sabe que lo que Buñuel muestra, por espantoso o increíble que parezca, es real, existe —o existía— en un rincón de España, y por tanto nadie se resiste a creer lo que ve; como, además de no tratarse de un film de ficción, no narra una historia, a ningún espectador se le ocurrirá nunca exigirle «orden» cronológico ni coherencia temática, mucho menos un «significado»: un documental no «quiere decir», muestra simplemente, y ya está.

En cambio, con *Un chien andalou* y *L'Âge d'Or*, pasado el primer momento de sorpresa o de terror, el espectador se ve sumido en la zozobra, la perplejidad y el desconcierto, más en la segunda que en la primera, ya que la brevedad de *Un chien andalou* y el choque brutal que provoca su plano más famoso —precisamente, el menos visto— impiden que nos instalemos realmente en una actitud interrogadora antes de que acabe la película, tan súbita y sorprendentemente como empezó; de hecho, se asiste a la mayor parte de su proyección en un estado de alarma semejante al que provoca durante el resto de *Psycho* (Psicosis, 1960) el asesinato de Janet Leigh en la ducha.

Basada en imágenes e incidentes soñados por Salvador Dalí o el propio Buñuel —eran muy amigos en aquella época—, que se contaban y que luego completaban o enlazaban sobre la marcha, mediante un juego de preguntas y respuestas, un poco como se discuten los «gags» de un film cómico, *Un chien andalou* adopta, en la medida de lo posible, el principio de la «escritura automática» caro a los surrealistas. Por supuesto, en lo que concierne al guión —o al texto que hizo sus veces—, ya que en el cine es particularmente difícil —si no imposible— introducir el automatismo: cada plano ha de ser pensado, encuadrado, iluminado, compuesto y (con movimientos de cámara y actores) filmado teniendo en cuenta a qué plano precede y a cuál sigue, y montado; ni siquiera la elección al azar de las tomas definitivas (o la negativa a rodar más de una) serviría para aproximarse a la espontaneidad de la escritura automática: no se filma impulsivamente, sin premeditación; tampoco lo permitiría el que los actores improvisasen sus gestos y desplazamientos, pues lo único que de ese modo se lograría es que todo pareciese hecho «de cualquier manera», «a lo loco», y ese no ha sido nunca el mejor método de hacer una película, por corta, muda y «vanguardista» que fuese. Incluso en el caso de que un film pudiese escribirse y rodarse «casualmente», dando cabida a lo aleatorio y a los accidentes, el proceso de montaje reintroduciría una selección y una estructura que darían al traste con la pretensión de acercarse al automatismo. De hecho, el sistema de escritura del guión se parece, si acaso, al menos en su arranque, al juego del «cadáver exquisito», aunque limitado por la intervención de tan solo dos personas.

La conclusión me parece evidente: si, 96 años después de su realización, *Un chien andalou* es todavía un film impresionante se debe a su precisa y rigurosa construcción, más que a la fantasía onírica de las imágenes o a la arbitrariedad de su sucesión.

Parece oportuno, en este punto, precisar en qué medida puede considerarse «onírico», «fantástico» o «imaginario» cuanto se ve en *Un chien andalou*. Para ello, conviene recordar la definición de «surrealidad» que dio André Breton en el primer *Manifeste du surréalisme* (1924): «*fusión* del sueño *y* la realidad en una *realidad absoluta*» [los subrayados son míos], pues se trata de una frase que, si no se tendiese a olvidar, evitaría muchos malentendidos. Otra cita de Breton permitirá situar en su verdadera dimensión el aspecto fantástico no sólo de *Un chien andalou*, sino de toda la obra de Buñuel: «lo que hay de admirable en lo fantástico es que ya no hay nada fantástico: no existe más que lo real».

Un chien andalou no cuenta una historia, aunque tampoco es una de esas películas en las que «no pasa nada»; por el contrario, ocurren muchas cosas, algunas tremendas, otras asombrosas, casi todas enigmáticas y un buen número de ellas muy divertidas. También sucede, y esto lo complica todo, que los cartelitos, en lugar de aclarar el sentido de las escenas o tratar de restituir los inaudibles diálogos, destrozan la cronología, ya que las indicaciones temporales se suceden de la manera siguiente: «Erase una vez...», «Ocho años después», «Hacia las 3 de la madrugada», «16 años antes», «En primavera», sin que las imágenes nos permitan reconstruir el orden en que se produjeron los hechos —disjuntos, pero formalmente relacionados de tal modo que, pese a la distancia en el tiempo que señala el cartel, es frecuente que los dos planos que separa parezcan realmente parte de una misma secuencia— que presenta la película.

Pese a esta ausencia de «historia» en el sentido habitual de la palabra, dudo que alguien haya visto *Un chien andalou* sin quedar atrapado en la película; es posible que, en una segunda visión, haya tratado de recomponer la cronología, pero es seguro que se habrá perdido, sin que por ello haya conseguido librarse de la fascinación que ejerce, con fuerza casi hipnótica, ni sustraerse al misterio que emana de ella. Este *poder* de succión que manifiesta *Un chien andalou* procede, sobre todo, de la agresión al espectador que supone su primera secuencia y que, paradójicamente, lejos de provocar en él una actitud de rechazo, le obliga a permanecer clavado en la butaca —casi en el borde—, pendiente de lo que a continuación suceda y sometido a la amenaza permanente de un nuevo ataque a su sensibilidad o a la integridad física de los personajes que, pese a esperarlo *en cualquier momento*, no llega a materializarse.

Esta agresión es un choque de tal magnitud que impide que uno asista indiferentemente al desarrollo de los dieciséis minutos restantes; incluso cuando se ha visto muchas veces y se sabe que nada semejante volverá a suceder, es imposible olvidarse del célebre plano noveno, ya que la imagen de un ojo rasgado por una navaja de afeitar no es un simple efectismo terrorífico, sino el *nudo* estructural del film, que se disgregaría completamente sin esa primera secuencia; es más, sólo con que se suprimiese su plano final. Aunque me parece más interesante que las cosas se hagan *bien* —aunque sea al enésimo intento— que *por primera vez*, podría decirse que *Un chien andalou* es la primera película basada en la agresión al espectador y que, en ese sentido, es aún la más perfecta, coherente y eficaz que tal vez se haya hecho, al menos, de las que recuerdo haber visto.

Buñuel, con una habilidad intuitiva asombrosa, y ya con la *astucia* que le caracterizará siempre, comienza su primera obra con un hombre (él mismo) que, tranquila y cotidianamente, afila una navaja de afeitar, al son de un tango. (Advierto aquí que todas las referencias a *Un chien andalou*, *L'Âge d'Or* y *Las Hurdes* se refieren a las respectivas versiones que han estado circulando por todo el mundo, han contemplado millones de espectadores y yo he visto en múltiples ocasiones —y que prefiero, en todos los casos, a tentativas de reconstrucción o de doblaje recientes que, a mi entender, funcionan menos bien—, aunque tal vez no fuesen lo que Buñuel hubiera querido o respondan a una identificación errónea del propio director. En el caso de *Un chien andalou*, la supresión del tango inicial que deja como única música el *Liebestod* de *Tristán e Isolda* de Richard Wagner solemniza y «romantiza» inadecuadamente toda la película, y la priva de la insolencia del tango con el que ha circulado durante al menos 85 años; también el tono con que la reconocible e inconfundible voz de Paco Rabal lee el texto castellano de *Las Hurdes* supone una modificación total, y para mí contraproducente, del comentario neutro en francés con el que se ha conocido desde su primera difusión). Buñuel sale al balcón y contempla la luna (detalle algo mosqueante, pues no parece la hora más normal para afeitarse). Una mujer (Simone Mareuil) la mira también (la escena se tiñe de romanticismo: flota una cierta sensación de deseo); entran en cuadro las manos del hombre y la navaja. La nube alargada que vimos en el quinto plano atraviesa en el octavo la redonda luna. La cuchilla, en gran primer plano, secciona de un tajo el ojo de la mujer, del que mana abundante sangre. El clima plácido, casi idílico, al mismo tiempo hogareño y pasional, de los planos anteriores ha sido bruscamente alterado, jugando maliciosamente con las expectativas convencionales del público, que se deja engañar por el tono casero, casi realista, de las primeras imágenes, el aire tranquilo y *nonchalante* de Buñuel-actor, que saca filo a su navaja con toda naturalidad y sin dejar de fumar el cigarrillo que mantiene en los labios durante todas sus apariciones; pese a que ciertas discrepancias (o planos premonitorios, como el de la fina nube que avanza hacia la luna llena) debieran ponernos en guardia, el choque se produce de una forma tan inesperada como dolorosa, ya que la mutilación afecta a un órgano especialmente vulnerable —y que la misma condición de espectador cinematográfico hace particularmente sensible a lo que pueda dañarlo—, pues lo que uno está contemplando depende precisamente de la vista. No es raro, por tanto, que este plano contamine toda la película y condicione decisivamente el estado de ánimo en que se va a presenciar todo lo que a continuación ocurre. Lo que sí me parece digno de señalar es que esta estrategia antecede en varios años a la elaboración por Hitchcock de la dramaturgia narrativa que se conoce con el nombre de *suspense* y que descansa en unos principios lógicos muy semejantes a los que, casi por casualidad, aplicó Buñuel en *Un chien andalou*.

No es ésta, por supuesto, la única agresión que contiene la película, aunque sí la primera y principal, la de mayor fuerza, y por ello la que hace innecesario que vuelva a producirse otra de calibre siquiera aproximado. Una vez vencida la resistencia del espectador, que a partir de entonces *padece* el film sin atreverse a cuestionarlo, depuesta totalmente cualquier incredulidad frente a los hechos que se le muestran, Buñuel puede permitirse todas las libertades y saltar de un personaje extraño a otro del que resulta dudoso incluso el sexo, viajar por el tiempo en todas direcciones y concluir sin explicaciones de ningún tipo y sin que sea posible extraer de *Un chien andalou* significado alguno. Ni siquiera Buñuel, cuando se vio sometido a proceso por el grupo surrealista —en uno de los ataques de intransigencia e inquisitorialismo que de vez en cuando sacudían a Breton y sus seguidores— y tuvo que escribir una especie de autocrítica para explicar como un indignante malentendido el éxito de la película, pudo dar una interpretación de *Un chien andalou* mínimamente convincente y sostenible, ya que se limitó a protestar lo siguiente: «¿Qué se puede hacer contra los amantes de la novedad, incluso cuando esa novedad ulcera sus convicciones más profundas, contra una prensa vendida e hipócrita, contra esta multitud imbécil que ha encontrado "bonito" o "poético" lo que, en el fondo, no es sino un llamamiento desesperado y apasionado al asesinato?» (en *La Révolution Surréaliste*, nº 12, París, 13 de diciembre de 1929).

La verdad es que no hay que buscarle los tres pies al perro. Es un film que no quiere decir, *dice*; que no significa, *es*; que no narra, *muestra*; que no admite preguntas y, menos aún, las responde, sino que *interroga* al espectador y le obliga a desenvolverse por su cuenta y a su propio riesgo. Todo ello, además, con una cohesión interna y una capacidad de sugestión que tienen su origen en un fenómeno que explicó admirablemente Pierre Reverdy en el *Manifiesto del surrealismo*, al decir —se refería a la pintura y la literatura, pero es perfectamente aplicable al montaje cinematográfico, tanto en este film de Buñuel como en los de Eisenstein o algunos de Vertov, Godard, Makavejev, Fuller u Oshima— que «cuanto más remotas y exactas sean las relaciones entre dos realidades yuxtapuestas, más fuerte será la imagen, y mayor será su potencia emotiva y su realidad poética».

Así irrumpió, pues, Buñuel en el cine, sembrando el desconcierto y la inquietud, de acuerdo con la que iba a ser para siempre, y hasta en las circunstancias menos propicias, su divisa: «Si fuera posible, desearía realizar films que, aparte de entretener al público, hiciesen ver al más adocenado de los espectadores que no está viviendo en *el mejor de los mundos posibles*». Poco después, su primer largometraje, *L'Âge d'Or*, causaría uno de los mayores escándalos culturales que se recuerdan, con intervención policial y prohibiciones sucesivas que harían difícil —salvo en la Cinémathèque française— su visión, al menos hasta hace muy poco, y que convertirían este film en un mito.

Por lo que dicen las «Historias del Cine», se puede pensar que *L'Âge d'Or* es una película feroz, desagradable, áspera y chillona, una especie de panfleto anarco-revolucionario lleno de efectismos y de voluntad trasgresora, lanzado contra todo lo humano y lo divino. Esta imagen, además de «justificar» —hasta cuando se protestaba de ella— su prohibición y persecución, no responde en lo más mínimo a la realidad, ya que *L'Âge d'Or* es, básicamente, una película divertidísima, más un film cómico que una comedia satírica, y una prolongación ampliada de *Un chien andalou*, pero más sutil y, por ello, más misteriosa. Los intentos de interpretación —ideológica, sadiana o psicoanalítica— de *L'Âge d'Or* que he leído o escuchado me hacen pensar en aquel que trató de ordeñar a un toro —o en el personaje interpretado por Red Buttons en *Hatari!* (1961/2), que también pretendía sacar leche de un macho cabrío—; el despiste de estas tentativas puede detectarse en un detalle muy simple: ninguno de sus autores ha reparado en el humor de la película o, de captarlo, se ha creído obligado a omitirlo y prescindir de él en su «lectura».

Sin embargo, es evidente que, si la elaboración del guión de *Un chien andalou*, tal como la ha contado Buñuel, recuerda el trabajo de los equipos de *gagmen* que colaboraban con Mack Sennett, Hal Roach, Buster Keaton, Harry Langdon, Larry Semon, Charley Chase, Harold Lloyd, Stan Laurel & Oliver Hardy, los hermanos Marx o Jerry Lewis, la construcción de *L'Âge d'Or* parte precisamente de una serie de «gags» cómicos —a veces muy complejos, otras meros chistes o «golpes» visuales—, que luego se enlazan entre sí mediante un juego de eslabones, y no por simple y brutal yuxtaposición, como en *Un chien andalou*. Es este encadenamiento —a menudo subterráneo, o no inmediatamente perceptible— lo que da a *L'Âge d'Or* un carácter más fluido y, en consecuencia, más suave y menos agresivo a primera vista; táctica lógica si se tiene presente la diferencia de longitud entre ambas películas: por eso, los largometrajes posteriores de Buñuel se acercan más al tipo de construcción de *L'Âge d'Or* que al de *Un chien andalou*. El propio cineasta comentó muchos años después que el «hilo conductor» de *L'Âge d'Or* es parecido al de *Le Fantôme de la Liberté*, que permite ir pasando de una cosa a otra a través de un detalle intermedio cualquiera (a veces insignificante). Esta estructura asociativa suele dar lugar a transiciones muy cómicas y sorprendentes, y otorga una gran libertad narrativa, tanto por los saltos que hace posibles como por lo que autoriza a suprimir, al sustituir la causalidad y la lógica dramático-narrativa por la ilación libre de ideas, imágenes, sonidos, gestos o movimientos: por ejemplo, si la cámara sigue a un personaje y éste llega a una mansión en la que se celebra una fiesta, la película puede quedarse en la reunión y dejar que el guía siga su camino, o esperar a su regreso, o acompañar a un invitado que se aburre allí y decide irse a otro sitio más divertido.

Pero el avance que supone esta película no se reduce a su mayor duración y a la sutileza y complejidad estructural precisa para sostener un largometraje, ni tampoco a la mayor libertad de un procedimiento de construcción menos evidente y más rico, más abierto a variaciones. *L'Âge d'Or* es, además, la primera experiencia narrativa de Buñuel, por oblicua y extraña que pueda parecer, y en ella nace su primer personaje, el encarnado por Gaston Modot, frenético enamorado que anuncia, en su locura o en su obstinación, en su rebeldía o en su indoblegable voluntad, a los (o las) protagonistas de *Susana* (1950/1), *Él* (1952/3), *Robinson Crusoe* (1952/4), *Abismos de pasión* (1954), *Ensayo de un crimen* (1955), *Nazarín* (1958/9), *Viridiana* (1961), *Simón del desierto* (1964/5) o *Tristana* (1969/70), y tiene algún reflejo en ciertos personajes secundarios, como el interpretado por Pierre Clémenti en *Belle de jour* (1966/7).

L'Âge d'Or marca, también, la ruptura con Dalí, que no intervino en la elaboración del guión más que unos días —aunque quedan ideas suyas—, debido a que su sentido del humor y el de Buñuel habían empezado a distanciarse: a Dalí le parecían muy malos los «gags» que se le ocurrían a Buñuel, y viceversa, de modo que el director optó por seguir en solitario su trabajo. De ahí, creo yo, que *L'Âge d'Or* sea una película mucho menos llamativa, si se quiere menos brillante plásticamente, pero más narrativa y mucho más graciosa que *Un chien andalou*, dirigida exclusivamente por Buñuel pero bastante influida por el pintor de Cadaqués.

Quizá por eso, las primeras imágenes de *L'Âge d'Or* —una especie de documental acerca del escorpión— anuncian *Las Hurdes*, y son muchos los elementos de aquí que tendrán en la obra posterior de Buñuel una prolongación —*Susana*, *Él*, *Abismos de pasión*, *Ensayo de un crimen*, *El ángel exterminador*— de la que carece, en cambio, *Un chien andalou*.

Un aspecto insólito, pero enormemente revelador, de *L'Âge d'Or* que influirá en el resto de la carrera de Buñuel, es su carácter híbrido. Se trata no sólo de un film a la vez mudo y sonoro —hecho explicable por ser 1930 el año de la transición, en Europa, de un tipo de cine a otro, y del que hay otros ejemplos—, sino de una obra que empalma secuencias estrictamente documentales con otras manifiestamente ficticias, en las que Buñuel demuestra no sentir la menor preocupación por lograr que el espectador crea que lo que está viendo es real, verosímil o siquiera posible. Este último rasgo, fundamental en Buñuel y probablemente el que más le separa del resto de sus colegas, indica ya en *L'Âge d'Or* la concepción del cine que el autor de *Tristana* ha reivindicado siempre: la de un instrumento casi mágico, creador, que permite inventar o descubrir imágenes, personajes, escenarios o historias capaces de *maravillar* o sorprender, como «visiones» o «ensueños», tanto al que las capta como, más aún, al que las contempla en determinadas condiciones, cercanas al «duermevela» (penumbra, silencio, inmovilización física); para Luis Buñuel la cámara no ha sido nunca un mero aparato reproductor —en dos dimensiones, al principio sin sonido y a menudo en blanco y negro— de lo que el azar o las instrucciones de un director a los actores hacían que sucediese ante el ojo impasible —y a veces deformante— del objetivo. Esta idea del cine es la que explica que la actitud de Buñuel sea la misma ante un decorado de estudio o un forillo que «canta» su irrealidad, que frente a un paisaje real, dirigiendo actores —buenos o malos— o fotografiando a un niño hurdano, en el rodaje de un «documental» y en el de un film tan explícitamente fantástico como *El ángel exterminador*.

Siempre reacio a juzgar, Buñuel se niega incluso a establecer una distinción clara entre las escenas que *realmente suceden* en la ficción de sus películas y aquellas meramente soñadas, imaginadas o recordadas —e igual de ficticias, por lo demás— por sus personajes; no satisfecho con ello, se complace a menudo en los últimos años —un poco innecesariamente— en confundir los diferentes «grados de realidad» de lo que narra de una forma consciente y deliberada (véanse *Belle de jour*, *La Voie Lactée*, *Le Charme discret de la bourgeoisie*, *Le Fantôme de la Liberté* y *Cet obscur objet du désir*, y compárense con *Un chien andalou*, *L'Âge d'Or* y *El ángel exterminador*). El caso es que Buñuel presenta todo del mismo modo, en bloque, sin separar o discriminar ni siquiera la conducta, más o menos «normal» o «socialmente aceptable», de los personajes. Por eso resulta difícil sostener que Buñuel considera «más locos» al Francisco de *Él*, al Archibaldo de *Ensayo de un crimen*, al anónimo héroe libertario de *L'Âge d'Or* o al Alejandro —tan parecido al anterior— de *Abismos de pasión* que a cualquiera de sus (quizá más sosegados, en apariencia) compañeros de peripecia; por eso no tendría mucho sentido decir que en el transcurso de una película de Buñuel algún personaje se vuelve loco o recobra la razón: para el autor de *El gran calavera*, el mayor o menor contacto con la realidad material circundante o el grado de sumisión a las normas de buena conducta o de urbanidad socialmente establecidas y vigentes en cada sociedad y cada momento de la historia no han sido nunca criterios válidos para apoyar o rechazar el comportamiento de sus personajes; si nunca ha sido un factor determinante de su simpatía o antipatía —nunca, o casi nunca, parece haber sentido indiferencia— hacia estos seres de ficción el acuerdo o la discrepancia con sus ideales políticos o religiosos, mientras fueran más o menos desinteresados, parece lógico que dé aún menos importancia a que su actuación en público se atenga o no a las reglas del buen gusto o de la buena educación: es frecuente que ni siquiera los restantes personajes, aunque acepten y respeten esas convenciones, se sientan ofendidos o se den por aludidos cuando asisten a una «escena» de mala educación o son víctimas de la «excesiva» franqueza que en Buñuel distingue a los más «delirantes» protagonistas; cuando reaccionan con aspavientos de dignidad herida o de escándalo, Buñuel suele dejarles en ridículo, o hacer ver hasta qué punto su respuesta es hipócrita o histriónica y automática.

Como adelantábamos, el personaje principal de *L'Âge d'Or*, su «hilo conductor», es uno de los grandes exaltados del cine; la febril interpretación de Gaston Modot, desafiante y exclamativo, furibundo y obseso como pocos actores, hace lamentar que Buñuel no hiciese más películas con él, ya que parece la encarnación perfecta de un cierto tipo de protagonistas buñuelianos, y corresponde en su extremosidad de miradas y gesticulaciones al carácter mixto antes comentado de la película, sobre todo en cuanto que es una actuación a caballo entre el cine mudo y el cine sonoro, por lo que resulta totalmente ajena a cualquier noción de verosimilitud psicológica o coherencia dramática naturalista. Se trata de un personaje sin nombre, pero radicalmente individual, casi único, y desprovisto de connotaciones simbólicas o de representatividad generalizadora; hay en él algo animal, de persona entregada a su instinto y sus sentidos, que le acerca al Opale —es decir, Mr. Hyde— de *Le Testament du Docteur Cordelier* (El testamento del Dr. Cordelier, 1959) de Jean Renoir y le aleja de la casi totalidad de los restantes personajes cinematográficos, incluso dentro de la obra de Buñuel. Para Modot no existen barreras físicas ni morales, ni más objeto que la constante —y contrariada una y otra vez por todo tipo de interferencias sociales— persecución de la amada (Lya Lys); por eso no puede extrañar que los surrealistas y sus afines —de Jean Vigo a Henry Miller— se entusiasmasen por la película y viesen en este personaje la representación visible del impulso amoroso llevado a sus últimas consecuencias, del *amour fou* bretoniano o del subconsciente liberado de las inhibiciones sociales y del control del «super-ego».

Es precisamente esa energía, esa falta de premeditación, la que separa al personaje de Modot de los protagonistas del Marqués de Sade, con los que abusivamente se ha intentado relacionarle simplemente porque Buñuel tuvo la ocurrencia de terminar la película con una alusión directa y explícita a *Les 120 journées de Sodome*, obra que, en mi opinión, nada tiene en común con *L'Âge d'Or*, por lo que encuentro que la escena final supone una ruptura de tono tan inútil como injustificada, y que reduce en cierta medida el valor y la coherencia del film, muy alejado, en su conjunto, de los planteamientos, del estilo y, sobre todo, del humor del celebrado Marqués.

Además, esta secuencia, a mi entender irrelevante y caprichosa, ha contribuido a cimentar la reputación de obra «terrible» que todavía conserva *L'Âge d'Or*, película cuyo espíritu rector me parece más próximo, en el fondo, al cine cómico mudo americano —el *slapstick* de Mack Sennett, el bizco Ben Turpin o Keaton—, que a Sade y sus devotos. Temo que Buñuel se dejase llevar por el gusto de la provocación, y citase a Sade por ser su figura —sólo en parte explicable— una de las que reivindicaba en aquellos momentos el grupo surrealista; más apropiado me hubiera parecido otro escritor francés, también con título aristocrático, y del que veo un claro eco en el personaje de Modot: el Conde de Lautréamont, es decir Isidore Ducasse, con cuyos *Chants de Maldoror* guarda *L'Âge d'Or* misteriosas y múltiples afinidades, desde su tono feroz, sarcastico, lírico y exaltado hasta su estructura poética y narrativa, con una división en «cantos» que encuentra su correspondencia en la construcción a base de secuencias autónomas del film, y con largos comentarios acerca de animales como el pelícano, el piojo y el sapo, que pueden tener un reflejo en la secuencia dedicada por Buñuel al escorpión.

Además, *L'Âge d'Or* es un film apasionado, emocionante, guiado en general por la necesidad expresiva, y no por la fría voluntad racional de asombrar o escandalizar al público; la música elegida por Buñuel, siempre reveladora y adecuada, aunque en principio pueda parecer sorprendente, lo prueba: no se usa el *Liebestod* de *Tristán e Isolda* para provocar a los espectadores, ni es Richard Wagner el acompañamiento lógico para una película supuestamente «sadiana». La tentativa de reducir *L'Âge d'Or* a la triste condición de obra hecha *pour épater les bourgeois* me parece, por tanto, parte integrante de la campaña de descrédito y censura más o menos encubierta que desde hace años impide que el primer relativamente largo de Buñuel sea vivido como el manifiesto ultrarromántico que realmente es; en este sentido, encuentro tan poco aceptable que se presente como un film «sadiano», un «panfleto» o un «acto gratuito», como que se prohíba o se procure confinarlo al ambiente enrarecido y mortecino de las cinematecas, que no son, a fin de cuentas, sino una nueva versión —respetable y tolerada— de las catacumbas.

Creo, por otra parte, que la importancia de *L'Âge d'Or* en la obra de Buñuel se ha exagerado; algunos pretenden, incluso, que nada de cuanto ha rodado después alcanza un nivel comparable, apoyándose para ello en el hecho incontrovertible de que raramente ha disfrutado de una libertad semejante a la que le dejó Noailles para la realización de este film ni de la edad que tenía entonces. El propio Buñuel ha contribuido a cimentar esta idea, ya que en muchas de sus películas posteriores es posible detectar una cierta nostalgia de la absoluta independencia y la osadía juvenil con que dirigió *L'Âge d'Or*; muy especialmente en *Abismos de pasión*, película admirable pero que, por una vez, se resiente de la falta de medios y de la insuficiencia de (algunos de) los actores. Pero no olvidemos que la obsesión por *Cumbres borrascosas* data precisamente de la época de *L'Âge d'Or*, y que el guión de *Abismos de pasión* está basado no directamente en la novela de Emily Brontë, sino en la adaptación escrita por Buñuel y Pierre Unik a comienzos de los años 30, ni tampoco que la fuerza y la vigencia de *L'Âge d'Or* dependen, en buena medida, de su carácter único e irrepetible, por lo que un Buñuel dedicado a rehacer esta película toda su vida hubiera sido un cineasta singularmente desprovisto de interés e incapaz de evolucionar. Precisamente, encuentro admirable que un artista tenga la suficiente flexibilidad y modestia como para, después de unos comienzos tan estruendosos y elogiados, dedicarse pacientemente a buscar un lenguaje más sutil y de mayor alcance, manteniendo siempre una fidelidad encomiable hacia los principios éticos de su juventud, que no traicionó ni siquiera cuando —como en *Susana*— se vio obligado a respetar la letra de guiones cuyo espíritu era diametralmente opuesto al de *Un chien andalou* o *L'Âge d'Or*: así, su Susana es, de todos los personajes de Buñuel, el que más se parece al de Gaston Modot, si se exceptúa al Alejandro de *Abismos de pasión*.

Me parece significativo que el único film de Buñuel dedicado, en principio, *a mostrar la realidad* haya elegido precisamente una «realidad» no sólo excepcional, sino incluso increíble; gran parte de lo que las imágenes *elementales* de *Las Hurdes/Terre sans pain* obligan a admitir como cierto y existente se nos antoja, a primera vista, inverosímil o imposible, inconcebible, monstruoso, inaceptable. No es raro que el Estado —administrado a la sazón por la II República—, siempre reacio a la divulgación de sus omisiones y carencias y muy inclinado, por tanto, a cegarse a la evidencia, no reconocer sus errores y adoptar la política del avestruz, reaccionase prohibiendo la exhibición del primer film de Buñuel íntegramente rodado en territorio español.

Que *Las Hurdes* sea algo tan insólito como un *documental inverosímil* sólo puede sorprender si no se tiene presente que el *fomento de la incredulidad ante lo que se ve* es el rasgo del cine de Buñuel más decisivo; probablemente el más característico, ya que se trata de una estrategia paradójica que ha cultivado sólo él, en exclusiva, entre todos los cineastas que conozco. Incluso Georges Méliès pretendía hacer creer en lo «maravilloso» que obtenía mediante trucajes, procurando que no se notasen demasiado los efectos ópticos a que recurría, y a partir de entonces todo el cine ha aspirado a la verosimilitud, a la credibilidad, a mantener al espectador fascinado en la butaca gracias a la consecución —por unas vías u otras— de la *ilusión de realidad*.

En cambio, las películas de Buñuel se distinguen de las demás por la existencia —mayor o menor, pero en todas— de lo que podría denominarse *un déficit de realidad* o, si se prefiere, al menos cuando lo filmado es —como en *Las Hurdes*— incontrovertiblemente real o —como en *El ángel exterminador* o *Un chien andalou*— declaradamente irreal, un *déficit de verosimilitud*, que no creo que sea involuntario o debido a la insuficiencia de medios o la desidia en su aplicación, puesto que suele proceder —incluso en las obras realizadas con holgado presupuesto y actores de reputación naturalista— de la interpretación, sobre todo, y de la iluminación (en México, también los decorados contribuían a esa sensación de irrealidad).

Si se considera hasta qué punto se ha tratado de confinar el cine en los estrechos límites de la mera reproducción fotográfica de lo real —los documentales— o de lo representado de modo que parezca real, al menos superficialmente —las películas de ficción—, y con qué frecuencia los contados artistas que se han rebelado contra tal norma han caído directamente en la vaguedad, el fumismo, la abstracción, los efectismos pictóricos y la incoherencia, no puede por menos que llamar poderosamente la atención la astucia y la habilidad con que Buñuel —sin acercarse siquiera a las arenas movedizas de los «expresionismos», «impresionismos», «minimalismos» y otros vanguardismos, despreciando olímpicamente el *flou* y buena parte de las posibilidades de manipulación o deformación óptica que el cine, pese a su «vocación realista», tiene a su disposición— ha conseguido siempre mantenerse al margen, a veces no muy apartado pero con un foso de por medio (*Los olvidados*, por ejemplo), de una concepción del cine que ha sido la imperante desde sus comienzos y que, mientras no se pretenda imponer como la única posible o válida, no tiene nada de malo y sí, en cambio, grandes posibilidades diferentes, en su mayor parte exploradas o intuidas, a veces explotadas hasta el agotamiento, y que han dado al cine la casi totalidad de sus obras maestras.

Esta peculiaridad de Buñuel no es, por tanto, la que hace de él un gran cineasta, pero sí la que convierte su figura en *excepcional* y confiere a su obra lograda una importancia extraordinaria, en la medida en que sugiere o recorre —al menos un buen trecho— direcciones nuevas, caminos poco transitados que ni siquiera sabemos bien hasta dónde pueden llevar, a qué extremos podrían conducirnos; además, es esta original manera de entender el cine lo que explica, más allá de incompatibilidades ideológicas, la incomprensión de que a menudo han sido víctimas sus películas más auténticamente audaces o personales —no las que más se aproximan a las «ideas hechas» o a las «nociones recibidas» que circulan, ni las que han provocado, sin querer casi siempre, mayor escándalo entre los intolerantes de todo pelo— ya que el modelo de «película bien hecha» que tienen, quizá sin darse cuenta siquiera, la mayoría de los críticos, espectadores y productores es una caricatura superficial —toda apariencia, y con un nivel de exigencia muy bajo— del cine que puede ser considerado «normal» y que, cuando está hecho con dominio y rigor, tendemos a llamar «clásico» o «tradicional»; esta caricatura no es definible «teóricamente», puesto que es casi inconsciente y «entra por los ojos» (o, en general, por los sentidos), pero consiste, esquemáticamente, en el cumplimiento de unos requisitos mínimos en lo referente a nitidez y claridad o belleza de las imágenes (es decir, calidad fotográfica o pictórica), audibilidad de los diálogos, comportamiento gestualmente «normal» —espontáneo o muy evidentemente teatral— de los intérpretes, conducta explicada o explicable —según los rudimentos de psicología admitidos en cada momento y lugar— de los personajes, coherencia y linealidad —sin entrar en muchos detalles, salvo en una película de intriga— de la narración, correspondencia entre los decorados y la época y el marco geográfico de la acción, entre vestuario y carácter (o nivel económico) de los que lo llevan, etc.

Es decir, para que una película pueda parecer «buena» es preciso que nada extrañe, choque o llame la atención desagradablemente, y que si algo destaca sea placentero a los sentidos más receptivos al cine: importa menos que los diálogos sean absurdos o cursis que el que, por auténticos o inteligentes que sean, no se oigan bien; es más grave que abunden los movimientos temblorosos de cámara a mano, o que haya zonas de oscuridad inesperadas, sombras sobre los rostros o colores estridentes, que el hecho, a mi entender mucho más negativo, de que la acción pulcramente filmada y rutinariamente iluminada, con colores inexpresivos, carezca por completo de interés o se haya visto centenares de veces sin que los actores aporten nada nuevo; por eso molestan las películas «de locos», o que muestran —a lo mejor con absoluto realismo— personajes cuya conducta desconcierta al espectador, sobre todo si no se le permite considerarlos como «anormales» o no pertenecen a una civilización exótica; es también una grave infracción de este «código de buena conducta» no escrito el que pueda dudarse del *grado de realidad* de lo que se está presenciando, y no se sepa a ciencia cierta si se trata de un sueño, de una alucinación, de un recuerdo o de hechos reales que suceden en ese momento.

No hay duda de que el grueso de la obra de Buñuel queda fuera de ese modelo, a veces a sus puertas, pero sin traspasar el «umbral de verosimilitud». Por eso se ha reprochado o excusado a Buñuel —según se tratase de enemigos o partidarios ideológicos del cineasta— su «torpeza», «descuido», «ignorancia técnica», «desprecio por la forma» o «pobreza expresiva», sus imágenes «chatas», sus «feos» planos, sus «antiestéticas» composiciones, sus «horrorosos intérpretes mexicanos», la «incoherencia» de sus guiones, las «irregularidades de tono», la «insuficiente» iluminación, los «cochambrosos» decorados, el «inaudible» sonido, la «contradictoria» psicología de los personajes... en suma, lo que podría resumirse (en expresión de Antonio Machado) como «su torpe aliño indumentario»; reparos que se han dirigido, sobre todo, a sus películas mexicanas, ciertamente rodadas en precarias condiciones, aunque también, a mi entender, las más características, pero de los que no se han librado ni las mejor acabadas —y más *standard*—, las francesas.

Aunque parezca mentira, todavía en 1981 se llegó a escribir acerca de la «torpeza» de Buñuel, cuando había demostrado cumplida y reiteradamente que era capaz de hacer una película tan bien como cualquier otro cineasta, con más sencillez y soltura que la mayoría y, por lo que se dice, en menos tiempo, con menor coste y gastando menos material (aunque esto a mí me da igual: será de interés para sus productores o quienes defiendan los intereses de éstos por encima de los propios como espectador). En realidad, no se quiere decir que Buñuel no sepa hacer películas, sino que las que hace son raras, poco creíbles, dudosas.

Lo primero que llama la atención de *Las Hurdes* es que tiene la misma tonalidad luminosa, levemente difusa e irreal, de *Un chien andalou* y *L'Âge d'Or*. Esta luz de acuario, o de fondo de piscina, un poco turbia, que juega con los grises sin permitir un excesivo contraste, suele tener causas fundamentalmente económicas —es más o menos la misma que baña irregularmente las primeras películas de la *Nouvelle Vague*, las miserables «series B» de Edgar G. Ulmer, las producciones menos suntuosas de la R.K.O. en los años 40, *El gran calavera*, *Abismos de pasión* y otros muchos films mexicanos de reducido presupuesto— cuando no técnicas —no queda lejos de la iluminación de películas mudas rodadas con material ortocromático, o de la adoptada por Carl Theodor Dreyer y Rudolph Maté para *Vampyr* (1931/2), tras advertir y dar por bueno un error de exposición—, pero a veces responde a una opción estética, compartida por varios cineastas proclives a la «extrañeza» y que se resisten a distinguir nítidamente entre lo «real» —«eso que llamamos realidad, y que no sabemos qué es», como dijo Gonzalo Torrente Ballester)— y lo «imaginario», que estarían de acuerdo con el pintor Paul Klee cuando afirma que «El arte no reproduce lo visible, sino que hace que algo sea visible», y saben que una de las formas de hacer visible consiste en revelar lo que habitualmente no se percibe por el simple procedimiento de arrojar sobre ello una luz nueva, distinta, inhabitual, insegura, ambigua o vacilante. Esta luz, obtenida de maneras muy diversas, con una amplia gama de matices, es la que ilumina las imágenes insólitas de *The Devil-Doll* (Muñecos infernales, 1936) de Tod Browning, *Zéro de conduite* (1933) o *L'Atalante* (1934) de Jean Vigo, *The Most Dangerous Game* (El malvado Zaroff, 1932) de Ernest B. Schoedsack & Irving Pichel, *Cat People* (La mujer pantera, 1942) de Jacques Tourneur, *La Nuit du carrefour* (1932) de Jean Renoir, *The Locket* (La huella de un recuerdo, 1946) de John Brahm, *À bout de souffle* (Al final de la escapada, 1959/60) de Jean-Luc Godard o *Neunzig Nächte und ein Tag* (Siete contra la muerte, 1964) de Ulmer, por citar tan sólo algunos ejemplos que me vienen a la memoria, y la que —seguramente por la confluencia azarosa de un material imperfecto y la luz real del Valle de las Batuecas— da a cada plano de *Las Hurdes* el tono irreal que hace que esta película no sea un simple documental sobre una bolsa de subdesarrollo y enfermedad, sino un sereno film de terror que evoca a *Nosferatu* y *Vampyr*, obras con las que coincide —sobre todo con la primera— en ser un viaje a lo desconocido, una incursión en otro mundo.

Buñuel nos sumerge brutalmente en *Las Hurdes*: desfilan ante nosotros imágenes apresuradas de un río con rápidos, árboles frondosos agitados por el viento, sapos y culebras, un santuario al que ascienden trabajosamente los peregrinos de la región, nubarrones que atraviesan el encuadre a una velocidad vertiginosa, abruptos riscos y roquedales, todo ello comentado al unísono por el arrebatado y solemne romanticismo de la Cuarta Sinfonía de Johannes Brahms y el frío y objetivo texto de Buñuel y Pierre Unik recitado por Abel Jacquin en francés. «Sorprendemos la vida cotidiana de sus habitantes», nos dice, con impasible neutralidad, la voz en *off*, y produce un efecto mucho más impresionante que si insistiese en la terrible situación de los hurdanos. Por lo demás, la «realidad» está abordada cinematográficamente de un modo opuesto al acostumbrado en el género documental, con un apasionamiento insólito, con *estilo*, desde un punto de vista declaradamente personal, sin fingir una imposible objetividad: *Las Hurdes* es una sucesión de *travellings* y panorámicas rápidas, a mano, febriles, con la cámara pegada a las rocas, a los objetos, a los rostros ante los que se inmoviliza un instante antes de proseguir su recorrido. Pocas veces ha sido hasta tal punto el cine «un ojo que se desplaza».

Y el de Buñuel no es, no podía ser —tampoco en *Los olvidados*— un ojo indiferente o insensible. No es un simple objetivo que se limita a registrar lo que ve, sino una mirada viva, conectada al cerebro y al corazón y capaz por ello de indignarse. Aunque no lo proclame, ni haga aspavientos de denuncia barata, ni caiga en la compasión humanitaria e hipócrita, ni en el histerismo de tantos «benefactores de los oprimidos». Buñuel cumple, aquí más que nunca, *une fonction de constat*, como muy bien supo ver Pierre Kast* en uno de los contados artículos sensatos —aunque con cosas discutibles, claro— que se han escrito sobre el cineasta de Calanda. Dotado de una singular penetración para ver lo que va mal, sin telarañas en los ojos ni anteojeras, Buñuel supo mostrar con crudeza, en bruto, sin elaboración, lo que muchos en su lugar se habrían negado a ver y reflejar. A Buñuel nada le es ajeno, nada le repugna, y por eso se atreve a filmar *como si nada* a esos niños descalzos, rapados, de inquietante entrecejo fruncido y mirada fija o perdida, de sonrisa que nada tiene de infantil, condenados, sin futuro, enfermos sin remisión, que viven en extraña promiscuidad —como si fuesen también animales— con los cerdos, los burros, las cabras, las abejas, las ranas, los escarabajos, los anofeles, las serpientes, los lagartos, sumidos a veces en la inmovilidad, incapaces de reaccionar (ni para apartarse una mosca del rostro), víctimas de temblores febriles y horriblemente ridículos, posando para ser fotografiados con expresión de cretinos. Hay en Buñuel, lo mismo cuando filma un asno picoteado por las abejas hasta morir o una cabra que se despeña que cuando contempla a un niño desheredado al que hacen escribir —en la pizarra de la escuela— «Respetad los bienes ajenos», a unos bebés muy monos pero inequívocamente enfermos, a uno de los pocos que llegan a adultos sacudido por el baile de San Vito, a unos enanos deformes que recuerdan a los

---

*. *Cahiers du cinéma* nº 7, décembre 1951.

bufones de Velázquez, a una guapa mujer condenada a vivir allí (con un pañuelo a la cabeza, entre Vermeer y José Gutiérrez Solana) o el cadáver de un recién nacido transportado a hombros en una especie de bandeja blanca, por el monte y por el agua, para ser enterrado en un cementerio lleno de crucecitas entre los hierbajos, una impasibilidad rosselliniana, ciertamente, pero también un escándalo comparable al que supo reflejar Vincent van Gogh en sus retratos de los habitantes de la cuenca minera del Borinage.

Las Hurdes es una película enormemente primitiva, con aliento de cine mudo, llena de aire que sopla entre las ramas de los árboles, con un gran sentido del paisaje y del ritmo, prodigiosamente montada (a veces, enlazando dos cosas dentro de un mismo plano, gracias a un movimiento de cámara rápido y certero), con un comentario en *off* neutro, informativo, proferido a la misma velocidad con que desfilan las imágenes (secas y bruscas, toscas y primarias) de Eli Lotar, sin hacer hincapié en nada, sin protestar inútilmente del contraste brutal entre una naturaleza arisca y bronca pero hermosa, y la situación sin salida de los seres humanos que habitan en ella.

Fiel por instinto a los principios no dogmáticos que inspiraron al movimiento surrealista en sus comienzos, Buñuel hizo con *Las Hurdes*, sin inventar nada, sin recurrir a los sueños ni la fantasía, su película más pura y profundamente surrealista, la única capaz de superar el realismo y el naturalismo partiendo exclusivamente de lo real (entendido en su sentido más amplio y abarcador, más surrealista, por tanto).

SAINETES REPUBLICANOS

Aunque de dudosa paternidad y muy poco conocidas, las películas que Buñuel supervisó durante los años 30 en España para Filmófono, la productora de su amigo Ricardo Urgoiti, me parecen merecedoras de una atención que no se les ha prestado, precisamente por las razones que las hacen particularmente interesantes desde mi punto de vista.

Buñuel fue productor ejecutivo, coguionista, supervisor y ocasional y parcial director, casi siempre sin figurar para nada en los títulos de crédito, de cuatro films que, si no pueden considerarse como parte integrante de su obra, tampoco le son del todo ajenos. Salvo *¿Quién me quiere a mí?* (1936), firmada por José Luis Sáenz de Heredia, en la que Buñuel intervino, al parecer, solamente como productor ejecutivo, supervisor y coguionista, y que me parece de lejos la más floja de todas ellas, posiblemente por basarse en un argumento poco original y más bien heterogéneo, perteneciente al infausto subgénero hispano del «cine para niños» (con una niña llamada Mari Tere y con Lina Yegros como principal adulta), cabe encontrar que las otras tres «comedias melodramáticas» son, con independencia de la parte que tuviera Buñuel en ellas, bastante interesantes como muestras de un cine auténticamente «popular» y arraigado en las tradiciones teatrales y literarias españolas, además de constituir el precedente directo de buena parte de su carrera mexicana, a veces en el sentido más literal: *La hija del engaño* (*Don Quintín el amargao*, 1951), rodada en México por Buñuel, es un *remake* de la versión cinematográfica del conocido sainete de Carlos Arniches que dirigieron Luis Marquina y (anónimamente) Buñuel en 1935.

Además, estas películas, confesadamente comerciales, supusieron el primer contacto del autor de *Un chien andalou* con el cine «normal», producido en condiciones de mercado, con actores profesionales y dirigido a un público amplio y nada «elitista», por lo que debieron permitirle aprender a desenvolverse en el marco de limitaciones y convenciones que iba a ser su «ambiente» en México durante mucho tiempo; es posible que, de no ser por esta experiencia «industrial» en España, le hubiese sido mucho más difícil adaptarse a los condicionamientos económicos y formales del cine comercial mexicano: no es lo mismo pasar directamente de *L'Âge d'Or* y *Las Hurdes* a *Gran Casino* que hacerlo a través de la colaboración, en algunos casos muy directa, en obritas tan modestas como *La hija de Juan Simón* (1935) o *¡Centinela, alerta!* (1936).

Aunque las noticias acerca de la huella de Buñuel en estas películas son contradictorias y volubles —en especial las procedentes de Sáenz de Heredia, que cambiaba sus recuerdos al son de cada momento y de cada entrevistador: tan pronto pretende haberlas hecho él solo como que se limitó a firmar alguna, unas veces dice que aprendió mucho de Buñuel y otras más bien le insulta—, sin que el autor de *Viridiana* pareciera nunca dispuesto a aclarar la cuestión de una vez por todas, no sé si por un malentendido afán de no empañar —¿a ojos de quién?— su prestigio o debido a un exceso de discreción o para no dejar en mal lugar a Sáenz de Heredia y evitar polémicas; lo cierto es que estas producciones de Urgoiti no carecen de interés en sí mismas y pueden arrojar alguna luz sobre el carácter, las intenciones, los métodos y las inclinaciones estéticas de Buñuel.

Don Quintín el amargao (1935), aunque a mi entender muy inferior a su versión mexicana *La hija del engaño*, no es irrelevante para el estudio del cine buñueliano. Si su protagonista anticipa claramente algunos rasgos de esa galería de maniáticos y celosos, paranoicos en mayor o menor medida, que culmina en el Francisco (Arturo de Córdova) de *Él*, la tonalidad misma de la película —al igual que numerosos detalles sueltos— respalda la hipótesis de que la intervención de Buñuel en su realización, aunque fuese indirecta, pudo no ser desdeñable. Encarnado con audacia por Alfonso Muñoz, Don Quintín es un individuo irascible e irracional, que interpreta a su manera —sin admitir otra— las apariencias con una mezcla de precipitación, misantropía y masoquismo que no ha de resultar sorprendente a los conocedores del cine mexicano de Buñuel. A poco de empezar la película, Don Quintín ve a través de una puerta acristalada las siluetas de su mujer y otro hombre, y saca conclusiones equivocadas y de funestas consecuencias: tras poner cara de loco furioso, coge una pistola y echa a la calle —para siempre— a María (Ana María Custodio), que para colmo está embarazada. Este arranque imprime ya un ritmo velocísimo, a veces atropellado, a toda la película, que oscila entre el folletín más descaradamente lacrimógeno y la farsa desatada, entre un cierto «realismo» teatrero y el onirismo absoluto, y llena de rasgos que ahora, en retrospectiva, se nos antojan forzosamente buñuelianos, aunque puedan deberse a Marquina —que empezó a dirigirla—, a algún colaborador en el guión o incluso al propio Arniches, por quien Buñuel ha sentido siempre una cierta y no disimulada admiración, que contrasta con la despreciativa ignorancia absoluta de los admiradores más jóvenes del cineasta, sin la menor idea tanto de lo que hacía Arniches como de los hermanos Álvarez Quintero y otros autores. Estos detalles están a veces aislados, sin integrarse en el conjunto, por lo que llaman bastante la atención, y son tanto visuales —esa monja joven y guapa, *con los labios pintadísimos*, que despide de Maternidad a María, con su hija recién nacida en brazos— como dramáticos: véase, por ejemplo, la observación —típicamente buñueliana: hay ideas paralelas en *Los olvidados* y *Viridiana*, por ejemplo— de hasta qué extremos puede llegar la miseria, cuando María hace cola en una institución caritativa para que le den la «sopa boba», y resulta que ni siquiera tiene un recipiente donde puedan servírsela, o la escena inmediatamente posterior, en la que vemos a María sentada en un banco, junto a dos obreros con sus tarteras: uno de ellos, sin decir palabra, pone un bocadillo sobre el asiento, junto a la hambrienta mujer, y ella lo devora. Esta mirada, cruelmente certera y exenta de toda retórica —no se subraya la generosidad de los necesitados, ni se canta la solidaridad de los pobres—, que rebasa los límites de realismo «bien educado» sin exagerar nada, que resulta hiriente sin cargar las tintas, no puede ser sino la de Luis Buñuel. También parece suya, aunque tal vez la aprendiese de Arniches y otros comediógrafos de su escuela, la combinación de surrealismo y casticismo de los diálogos. Personajes como el de Felisa Baños, «la Perla de la Ribera» (Luisita Esteso), Angelito (el comiquísimo Luis Heredia) y algún otro de menor importancia, parecen genuinos representantes de la todavía incipiente fauna buñueliana, y tienen derivaciones en varias películas mexicanas. Lo mismo puede decirse de la divertida y tensa escena en el café, cuando ponen el disco alusivo al personaje titular y todos lo corean, con gran indignación de éste y sus esbirros, o de las consiguientes provocaciones de Don Quintín al marido de su ignorada hija. No muy buñuelesco quizá, pero valioso como documento histórico, es el arranque de la película, que brevemente nos muestra una panorámica del Madrid de 1935, centrándose de inmediato en el Rastro y sus alrededores.

La hija de Juan Simón es menos interesante, en parte por culpa de un argumento imposible, sorprendentemente debido al estrafalario arquitecto-cineasta Nemesio Martínez Sobrevila —autor de la mejor película muda española que haya visto, *El sexto sentido* (1928/9)—, que por lo visto dirigió las dos escenas iniciales, siendo reemplazado por Sáenz de Heredia, con Buñuel como supervisor; sospecho que menos activo que en *Don Quintín el amargao*. No puedo tomarme al pie de la letra la información al respecto de J. Francisco Aranda*, ya que a menudo cuenta las películas con

*. J. Francisco Aranda, *Luis Buñuel. Biografía crítica*, Lumen, Barcelona, 1969, pp. 147-152.

errores, inexactitudes y omisiones fundamentales que hacen dudar de que las hubiese visto o revisado cuando redactó su «biografía crítica», y no parece que Roger Mortimer* haya podido obtener datos más fidedignos, ni que Antonio Castro** lograse sonsacar a Sáenz de Heredia «la verdad, toda la verdad y nada más que la verdad», aunque Don Luis aparezca un momento como actor, haciendo de preso cantarín. Pese a tener cosas divertidas —como el villano Don Paco, encarnado por Manuel Arbó, y diálogos hilarantes, temo que no siempre a propósito—, *La hija de Juan Simón* cuenta una historia demasiado convencionalmente melodramática, y lo hace sin excesiva convicción; la estructura narrativa, con *flashbacks* superfluos, hace aún más previsibles las desdichas que se avecinan, y que caen siempre sobre la del título, Carmen «Carmela» Carreño, interpretada por Pilar Muñoz (muy mal durante toda la primera parte y algo mejor en la mitad final).

Rodada, evidentemente, con medios escasos —por lo visto, de ningún plano se hizo más de una toma, y parece verosímil— y en decorados espeluznantes, hay pocas huellas de la participación de Buñuel. Para colmo, la escena inicial, en el cementerio, con un tono irreal y alucinante que evoca el final de *Abismos de pasión*, suele atribuirse, como apuntábamos, a Sobrevila, con lo que parece arriesgado tratar de repartir responsabilidades; por lo demás, la película de Buñuel a la que más se parece es,

*. Roger Mortimer, «Buñuel, Sáenz de Heredia and Filmófono», *Sight and Sound*, nº 3, 1975.

**. Antonio Castro, *El cine español en el banquillo*, Fernando Torres editor, Valencia, 1974, pp. 367-369.

precisamente, una de las menos interesantes, la primera que hizo en México, *Gran Casino*, tal vez por basarse ambas en la presencia de cantantes más o menos folclóricos y por interrumpir el relato con números musicales que no aportan nada al desarrollo del melodrama.

La hija de Juan Simón es una «españolada» de ambiente andaluz, con abuso de los acentos regionales —caricaturizados incluso— y del tipismo; de hecho, el único ambiente recreado con ciertos visos de precisión es el de un cabaret madrileño; lo demás, huele a «forillo» que apesta, y cuanto en tales decorados sucede resulta increíble y a menudo lamentable, si se exceptúa el baile por «soleá» de Carmen Amaya sobre la mesa de un tablao andaluz —por lo demás, planificado con torpeza, cortando a primeros planos de los pies y de la cabeza de la bailaora con una insistencia que estropea la escena— que Sáenz de Heredia se atribuye y no veo por qué no concederle.

Donde sí puede vislumbrarse la mano de Buñuel —además de su cara— es en la cárcel, donde Angelillo se pone a cantar «Soy un pobre presidiario...» y es inmediatamente coreado por el resto de sus compañeros, e incluso por un carcelero, que canta «Cierra ya la radio...», mientras asistimos a una extraña secuencia de montaje: una mano sin dedos, unos pies lavándose en un barreño, un preso que pinta en la pared de su celda «Biba la livertad», etc. Tampoco imagino que pueda ser de otra persona la escena en la que un hipócrita y puritano cliente del cabaret —llamado, para colmo, Don Severo— va a quejarse a Don Paco de la poco complaciente actitud de su pupila Carmela para con él, y el redomado villano, sin inmutarse, le replica: «Ya lo decía Schopinauer», coge un libro y lee en voz alta un párrafo apropiadamente misógino del autor de *El amor, las mujeres y la muerte.*

En cuanto a *¡Centinela, alerta!*, basada en el sainete de Arniches *La alegría del batallón*, y con Angelillo, Ana María Custodio y Luis de Heredia, entre otros actores habituales en estas películas producidas por Urgoiti, hay que decir que se trata de una divertida comedia, dirigida por el francés Jean Grémillon, cineasta de excelente filmografía. No parece probable que Buñuel supervisase muy de cerca el trabajo de un colega por el que sentía respeto y amistad, limitándose a intervenir en el guión. La escena inicial parece indicar que así fue: una serie de *travellings* y panorámicas con profundidad de campo y en un decorado muy elaborado y complejo —todo lo cual hace pensar en *Remorques* (1941) de Grémillon— nos introduce en un baile de pueblo, organizado por las «Juventudes Navalengüenses», con una charanga y unos diálogos que suenan a Buñuel y prefiguran futuros festejos de Berlanga (en *Bienvenido Mister Marshall*, *Novio a la vista*, *Calabuch* o *Los jueves, milagro*). De hecho, toda la primera parte, muy ágil y brillante, hace pensar en Renoir —el de *Tire-au-flanc* (1928) o *Chotard et Cie.* (1933)—, más aún que en las películas contemporáneas de Florián Rey, *Nobleza baturra* (1935) o *Morena clara* (1936), pese a aplicar —con menos medios— una fórmula parecida, hábil mezcla de comedia y melodrama; extremado cada uno de estos ingredientes, en *¡Centinela, alerta!* se encabalgan a un ritmo fluido y trepidante, con soltura y encanto, con una gracia que no procede sólo de los diálogos disparatados y las miradas asesinas de señoritas celosas al son de un pasodoble, sino también de una cámara que aspira a la ubicuidad y que se mueve con precisión y agilidad de un lado a otro, sin detenerse ante la tentación de realizar un *travelling* circular, y de alguna que otra esplendorosa y discreta elipsis, no indigna de Mizoguchi, como esa panorámica desde Candela (Ana María Custodio), en el suelo, seducida por el señorito Arturo, a los árboles, que se encadena con esos mismos árboles deshojados y Candela envuelta en una manta, deshonrada y con una niña, en la cima de la colina. Hay en esta película, además, un sentido del paisaje del que carecen los restantes productos Urgoiti, y una sorprendente y compleja coreografía, que impide que los números musicales resulten un estorbo y entorpezcan el relato. Las escenas de cuartel, con un «batallón de los torpes» en el que destaca Tiburcio Canales (Luis de Heredia), no caen nunca en la chabacanería y son divertidísimas, aprovechando la multitud de comparsas para desarrollar escenas musicales —con marchas y corros en el patio del cuartel, filmadas en picado— que hacen pensar en Jerry Lewis dirigiendo las evoluciones de un batallón en *The Family Jewels* (Las joyas de la familia, 1965). El final es más convencional, con malentendidos melodramáticos y feliz desenlace, aunque las escenas en que Tiburcio se mete a detective aficionado superan con mucho al Truffaut de *Baisers volés* (Besos robados, 1968) y las asombrosas líneas de coristas del recital de despedida de Angelillo tienen poco que envidiar —con mucho menos dinero— a lo que hacía por aquellas fechas Busby Berkeley al otro lado del Atlántico.

Aunque se dice que Buñuel acabó la película al caer enfermo Grémillon, no parece lícito regatearle a éste los méritos de *¡Centinela, alerta!*, para mí, sin duda, la más satisfactoria de las películas supervisadas por Buñuel, y una de las más gratas sorpresas que me ha deparado el poco cine español de antes de la Guerra Civil que he logrado ver. Por supuesto que Buñuel sería una ayuda considerable para Grémillon, y que parte del encanto de la película se debe al guión, al parecer escrito por Buñuel y su amigo Eduardo Ugarte, pero es la que contiene menor número de imágenes o ideas «buñuelianas». Curiosamente, ni Grémillon ni Buñuel firmaron la película.

El estallido de la guerra dio al traste con los planes de producción de Ricardo Urgoiti en el momento en que, bajo el mando de Buñuel, parecía haber conseguido formar un equipo eficiente y capaz de realizar obras modestas, dignas, comerciales y divertidas.

Ignoro cuál pueda haber sido la verdadera aportación de Buñuel a un documental titulado *Espagne 1937* o *España leal en armas*, compuesto en su mayor parte por las imágenes captadas por el soviético Roman Karmen que se utilizan en casi todas las películas sobre la Guerra Civil, y montado por Jean-Paul Dreyfus (luego conocido como «Le Chanois»), que no pasa de sobrio y discreto —a diferencia de *Spanish Earth* (1937) de Joris Ivens, recargado y poetizante—, y en el que se atribuye al cineasta español cierto «material cinematográfico», una supervisión que no se especifica en qué pudo consistir, el comentario (escrito con Pierre Unik) y la elección de la música (las sinfonías Séptima y Octava de Beethoven).

LA CONVENCIÓN PERVERTIDA

Cuando Luis Buñuel llega a México deja a su espalda una experiencia muy variada: ayudante de Jean Epstein, cineasta de vanguardia, documentalista, supervisor de doblajes, productor ejecutivo de películas comerciales, remontador y «adaptador» —cambiando su sentido— de films de propaganda enemiga. De todas estas actividades, las cuatro primeras no iban a servirle de mucho durante varios años; las dos últimas, en cambio, habrían de revelarse decisivas no sólo para su supervivencia como director, sino para su maduración como artista.

De las múltiples y más bien anónimas funciones que desempeñó en Filmófono en 1935 y 1936, Buñuel aprendió a servirse de los medios a su disposición, por pobres y poco presentables que pudieran ser; tuvo que plantearse, además, a quién se dirigía al hacer cine, a qué público trataba de llegar y por qué procedimientos podría lograrlo de manera más económica. Fue, probablemente, una lección práctica de humildad invaluable, como lo prueba el que, veinte años después, con tanta libertad como cuando acometió *L'Âge d'Or* y con mucho mayor presupuesto a su alcance, no abandonase la táctica aprendida en España durante el par de años que trabajó para Urgoiti, y siguiese gastando menos material y menos tiempo del que se le había concedido. No se sabe mucho, y sorprende que nadie se ocupara de interrogarle a fondo sobre este trabajo, ni de la labor que llevó a cabo Buñuel en Estados Unidos durante la Segunda Guerra Mundial, tanto para instituciones privadas —el Museum of Modern Art (MoMA) de Nueva York, dependiente de la Rockefeller Foundation— como para ciertos «servicios de inteligencia» del Ejército de los Estados Unidos. Se ha mencionado, a título de ejemplo, *El Vaticano de Pío XII*, versión española de un número especial de dos rollos de la serie de noticiarios *March of Time*, *The History of the Vatican* (1941), producido por Louis De Rochemont y montado por Lothar Wolff, y cuya inclusión en las filmografías de Buñuel puede resultar tan sorprendente como paradójica. Se ignora su cometido en decenas de «documentales culturales» y propagandísticos, y poco se sabe de los proyectos que acarició durante aquellos años, en especial *Cargo of Innocence* y *The Sewer of Los Angeles*, y no mucho sobre su colaboración en el film de terror, dirigido en 1945 por Robert Florey e interpretado por Peter Lorre, *The Beast with Five Fingers*, que tiene cierto prestigio entre los especialistas del género, y del que yo diría que se acordó en una escena de *El ángel exterminador*. Pero lo que más me sorprende es lo poco que se ha investigado acerca de un film de nueve bobinas, según J. F. Aranda «dirigido, montado y comentado» por Buñuel, producido en 1939 por el MoMA bajo el nombre de *Triumph of Will*, que parece ser un resumen en montaje alternado del célebre documental propagandístico nazi de Leni Riefenstahl *Triumph des Willens* (1936) y del «reportaje» sobre la invasión de Polonia por Hitler *Bautismo de fuego* (1939), de Hans Bertram. Pienso que en la «construcción» de esta película a partir de un material ajeno, invirtiendo su sentido, Buñuel tuvo que aprender buena parte de lo mucho que supo acerca de cómo estructurar un relato, de cómo desviar disimuladamente la atención del espectador de lo que el guión indica hacia lo que a Buñuel le interesa, de cómo traicionar el espíritu de un argumento respetando la letra impuesta por el productor, de cómo sacar partido de las prohibiciones de la censura, de cómo servirse del humor y la ironía, de la yuxtaposición —en contraste o en paralelo— de acciones y gestos, para introducir solapadamente un comentario subliminal que pueda contradecir el sentido explícito de las imágenes.

La primera película que Buñuel logró dirigir en México no pudo interesarle demasiado: Libertad Lamarque, Jorge Negrete y el Trío Calaveras no parecen, en efecto, el reparto más apropiado para el hombre que tenía en su haber *Un chien andalou*, *L'Âge d'Or* y *Las Hurdes*. Llama la atención, por eso mismo, la modestia con que Buñuel se planteó su trabajo, de mero realizador, en *Gran Casino*; de hecho, es una de las películas de Buñuel con menos humor, y es difícil detectar siquiera una sombra de ironía en su tratamiento de un argumento muy convencional y previsible, intempestivamente interrumpido cada cierto tiempo por números musicales no excesivamente brillantes, si se exceptúa el plano de dos minutos que sigue el baile de Mercedes Barba. No es una película horrible, ni produce vergüenza ajena, ni aburre demasiado, pero es totalmente impersonal y no añade absolutamente nada al conocimiento de Buñuel. A él le sirvió para demostrar a su productor, Óscar Dancigers, y de paso a toda la industria cinematográfica mexicana, que era capaz de hacer una película comercial, respetando todas las convenciones y sin sobrepasar el presupuesto. Fue, pues, una especie de examen de ingreso en el cine del país que le había acogido, al que Buñuel se sometió con aplicación y que superó sin dificultades. A partir de entonces, Buñuel contó con la confianza de los productores —en particular de Dancigers y Gustavo Alatriste—, y fue consiguiendo poco a poco, con disimulo al principio y luego con franqueza, tener las manos libres para introducir su propio punto de vista, sus obsesiones y sus convicciones en proyectos que, en general, le eran en principio ajenos.

La capacidad de adaptación de Buñuel ha sido siempre una de sus mayores virtudes. Sin embargo, parece lógico pensar que para fingir respeto a las convenciones dramáticas del cine de serie mexicano tuvo que hacer un esfuerzo considerable. Ignoro si se plantearía la disyuntiva entre aparentar conformismo y recurrir a una solapada tarea de zapa o enfrentarse directamente a las limitaciones, aun a riesgo de verse marginado de la industria, pero no creo que se le pasara por la cabeza la idea de entregarse servilmente a los requerimientos comerciales. Tal vez adoptase la táctica que siguió por astucia instintiva, tras meditar durante algún tiempo cuál podría ser la mejor manera de abrirse paso a través del laberinto de convenciones y prohibiciones que suponía la integración en una cinematografía de nivel supuestamente tan bajo como la de México a finales de los años 40, y fuese tanteando cuidadosamente para ver hasta dónde podía llegar sin ser llamado al orden o puesto en cuarentena. El caso es que optó por el profesionalismo como actitud, aceptando cualquier proyecto que no supusiese una afrenta a sus principios éticos, y procurando, en primer término, hacerlo lo mejor posible y con el menor coste. Dentro de eso, intentó explotar el margen de libertad del que, en cada ocasión, dispusiera, consciente de que una casi imperceptible alteración del orden o el tamaño de los planos, del tono o el énfasis con que se pronuncia una frase, de los gestos más o menos exagerados que acompañan una acción, puede modificar el sentido de una escena, y de que si estos leves «desplazamientos» o «desfases» se hacen sistemática y coherentemente en toda la película, su significado entero puede transformarse incluso en el contrario al explícito o manifiesto.

Consecuencia de todo ello es un cambio radical en la manera de Buñuel: lo que era frontal y directo pasa a ser oblicuo e indirecto, la línea recta se ve sustituida por el rodeo, la exposición por la insinuación, la expresión por la sugerencia. Un gran apoyo para todo este proceso de transformación estilística lo constituye, sin duda, lo que antes llamé *déficit de realismo*, en la medida en que permite sembrar en el espectador la desconfianza, la incredulidad y la sospecha, induciéndole a poner permanentemente en tela de juicio cuanto ve.

Esta suspicacia va a ser de ahora en adelante potenciada por Buñuel, que (*en faisant feu de tout bois*) aprovecha incluso las limitaciones económicas (sensibles, sobre todo, en la iluminación y los decorados) y las deficiencias interpretativas de algunos actores para conseguir del público una inconsciente e involuntaria reserva y reticencia, una distanciación irónica frente a los personajes y sus actos. Ante la historia que se les narra, los espectadores de un film de Buñuel no saben nunca a qué atenerse, ya que el director la estructura de forma que produce a menudo dudas o desconcierto; sobre todo, no sabe a ciencia cierta cómo pretende que se tomen los hechos, si en serio o en broma, si como efectivos o virtuales, si como acaecidos o imaginarios. Lo que no es posible es aceptar una película de Buñuel al pie de la letra, ni creerse nada en ella a pies juntillas; al mismo tiempo, tampoco es fácil despacharlas como pura ficción irrealista, como onirismo, ya que el sentido de la observación de Buñuel propone con cierta frecuencia escenas que tienen por efecto el de anclar la historia en la realidad, de modo que lo que suscita más dudas es el carácter mismo del espectáculo que se está contemplando.

No se trata, por tanto, de que Buñuel, forzado por las circunstancias a dirigir películas «de encargo» ajenas a sus preocupaciones, y sin libertad suficiente como para modificar de raíz los guiones que se le ofrecían, tratase de introducir con calzador algún detalle, alguna escena reconociblemente «de autor». Es un trabajo de apropiación mucho menos narcisista y exculpatorio, más sistemático y sutil, consistente en analizar cuidadosamente cada guión, extraer todas sus consecuencias explícitas e implícitas, y someterlo —retocándolo en aquellos casos en que se le permitiese o contase con la complicidad de los guionistas; mediante la dirección de actores y la planificación, en caso contrario— a un minucioso *tratamiento desvirtuador*, de modo que su sentido obvio y expreso perdiese fuerza ante la aparición de significados diferentes o contrarios, latentes o subterráneos, sugeridos o insinuados, que Buñuel se ocupaba de hacer, si no evidentes, al menos visibles o deducibles. Ignoro hasta qué punto tendría Buñuel capacidad de decisión en la elección de intérpretes, pero sospecho que alguna tendría, ya que son muchos los que aparecen en varias de sus películas, aunque no estuviesen producidas por las mismas compañías; en todo caso, a través de los actores Buñuel consiguió modificar completamente el carácter de algunos personajes, haciéndolos más simpáticos u odiosos, más ridículos o respetables que sobre el papel, simplemente por su aspecto físico; además, podía acentuar o paliar, según le conviniese, sus limitaciones interpretativas, abundando en este sentido, y consiguiendo que los diálogos, incluso sin modificarlos, cobrasen otro tono por la forma de decirlos los actores, por la incongruencia entre su «pinta» y su manera de hablar y las frases rimbombantes que les hacía pronunciar. Tengamos en cuenta, además, que los diálogos se cuentan entre las cosas de una película que un director puede alterar más fácilmente, aduciendo que los intérpretes eran incapaces de decirlos correctamente, o que tropezaban con ciertas palabras; sin contar con que en el doblaje pueden corregirse nuevamente, y con una perspectiva más crítica y distanciada de la acción.

Naturalmente, Buñuel no podía permitirse el lujo de hacer «en broma» los argumentos melodramáticos cuya realización le encomendaban, ni cambiar alegremente de protagonista, ni enmendar el desenlace de la historia, porque sus productores le habrían forzado a respetar las líneas generales del guión y a darles una película que se atuviese, al menos en su contenido explícito —diálogos importantes, final—, a lo que le habían pedido; de lo contrario, muy pronto se hubiese visto reemplazado por otro realizador —hecho que no se produjo nunca— o condenado nuevamente al paro forzoso. Es decir, que Buñuel tuvo que calibrar y sopesar sus actos con un cuidado exquisito, limitándose a introducir pequeñas modificaciones apenas perceptibles, retorciendo discretamente el sentido de algunas escenas, alterando leve y sutilmente el orden de los hechos, disimulando unos matices y resaltando otros, en cambio, mediante el tamaño de los planos o el punto que ocupaban en el desarrollo dramático-narrativo de la secuencia. De este modo —casi subliminalmente—, Buñuel se dedicó a desviar o desplazar el centro de interés de las películas respetando a menudo la letra del guión, pero no su espíritu, introduciendo bajo cuerda una suerte de comentario crítico a través de la puesta en escena, dando su punto de vista personal acerca de lo que rodaba.

Para ello, Buñuel dedicó una especial atención —dentro de las limitaciones de tiempo y presupuesto con que trabajaba— a todos aquellos factores expresivos que quedaban sometidos a su control directo y en los que ciertas variaciones no resultaban llamativas, sobre todo a primera vista y consideradas aisladamente —por ejemplo, al ver los *rushes* diarios o incluso un primer copión no enteramente sonorizado, sin afinar el montaje y sin música—, pero que producían, acumulativamente, una distorsión relativa del significado expreso de los guiones.

La iluminación, la composición y el encuadre, el ritmo de la escena, que los intérpretes aparezcan juntos o separados por la planificación, el comentario irónico o dramatizador de la música, la oportunidad de un inserto que pone en tela de juicio lo que alguien dice, la inseguridad de un actor (aprovechada para minar la seguridad del personaje que encarna), etc., son medios que tiene a su alcance un director que desee disimuladamente hacer que el público adopte una postura crítica, suspicaz o escéptica ante el espectáculo al que asiste y la historia que se le relata.

Se trata, en el fondo, como ya vimos antes, de suscitar en el espectador un estado de desconfianza, de duda metódica, es decir, de conseguir de él lo contrario que habitualmente le pide el cine: en lugar de aspirar a una «suspensión voluntaria de la incredulidad» —a veces inconsciente y automática desde el momento en que entra en un cine y se apagan las luces—, Buñuel trata de fomentar en su público una actitud vigilante y alerta, una sensación de inseguridad que no siempre resulta cómoda ni agradable, y que puede ser enormemente distanciadora si no existe antes una cierta complicidad entre cada espectador y el cineasta, complicidad que, en un sector del público familiarizado con la obra de Buñuel, es relativamente fácil que se establezca, pero que el director no solicita abiertamente y en general, puesto que todo su trabajo de zapa, subrepticio y soterrado, casi clandestino, debía pasar desapercibido, aun a riesgo de que sus manipulaciones pareciesen errores de puesta en escena o deficiencias técnicas o de dirección de actores. Como se comprenderá, lo que entonces Buñuel no podía hacer era llamar la atención sobre el carácter deliberado de esas «incongruencias» o «incoherencias», ni reconocer manifiestamente su labor de subversión, cuya eficacia, por otra parte, dependía en buena medida de que no resultase demasiado obvia; sus últimas películas, en las que podía actuar con la más absoluta libertad, lo demuestran: siempre que provoca —por afición o costumbre— una evidente y deliberada discrepancia entre la conducta de los personajes y las palabras que pronuncian, el recurso se antoja caprichoso e innecesario, y reduce el desfase entre caracterización sobre el papel y comportamiento en la pantalla a un chiste sin importancia o incluso, en ocasiones, a un guiño dirigido a los espectadores «enterados».

Entre *Gran Casino* y *Ensayo de un crimen*, en cambio, este procedimiento constituía la mejor arma —cuando no la única— con que Buñuel contaba para no abdicar de sus principios y para no convertirse en un mero fabricante de películas baratas. No es, ciertamente, un descubrimiento de Buñuel, sino el proceder habitual de todos los directores —sobre todo, los norteamericanos— que han trabajado en el marco de una industria cinematográfica relativamente organizada cuando no eran sus propios productores, sino empleados —si se quiere, privilegiados— de las empresas que los contrataban, bien durante un periodo de varios años, bien para realizar una película concreta. Lo que distingue el trabajo de Buñuel del de Vincente Minnelli en la M.G.M., Douglas Sirk en la Universal, Raoul Walsh en la Warner o —más tarde— en la Fox, del de King Vidor,

Nicholas Ray o Fritz Lang en una serie de productoras, es —aparte de la diferencia de medios, tanto cualitativa como cuantitativa, que las empresas ponían a su disposición— que los americanos trataban de encontrar algunos elementos afines o interesantes del guión, procurando potenciarlos o desarrollarlos para sacarles el máximo partido posible, aunque sin enfrentarse directamente al contenido ideológico implícito en el desarrollo de la acción, que a menudo debía de parecerles aceptable, mientras que Buñuel se vio obligado, con cierta frecuencia, a realizar argumentos de los que disentía profundamente y a presentar como protagonistas victoriosos a personajes que consideraba repulsivos, por lo que tuvo que llevar a cabo una labor de zapa más radical, más permanente y minuciosa, que sólo en alguna ocasión —cuando se trataba de argumentos propuestos por él y aceptados por los productores, cuando conseguía intervenir directamente o a través de un guionista afín como Luis Alcoriza, Rodolfo Usigli o Julio Alejandro— podría asimilarse al de los americanos menos integrados —es decir, emigrantes tardíos y con formación cultural europea, como Sirk, Lang o Jacques Tourneur—, pero que, habitualmente, iba más allá, puesto que, a fin de cuentas, Buñuel parte de una concepción del cine diametralmente opuesta a la del cine comercial mexicano, derivada del de Hollywood y destinada a halagar a un público de escasa formación y no sólo nacional, sino hispanoamericano, y no contaba con el firme apoyo que suponen los géneros para desarrollar un trabajo personal sin llamar excesivamente la atención.

No hay que olvidar, por otra parte, que Buñuel trabajó casi siempre con productores que mantenían hacia él una actitud benévola o amistosa y que, dentro de ciertos límites, le dejaban hacer, mientras no causase un rechazo por parte del público que afectase a la rentabilidad del producto; solían hacer la vista gorda ante las maniobras distorsionantes de Buñuel, conscientes de que el cineasta tenía un prestigio internacional que defender y un talento que le hacía digno de empresas más ambiciosas que, desgraciadamente, sus contados medios económicos y las exigencias del mercado sudamericano no les permitían acometer y confiar a Buñuel. Por otra parte, sus películas solían resultar lo bastante económicas y aceptables para el público como para que a Dancigers o Alatriste les interesase conservar a Buñuel entre sus empleados, incluso a riesgo de que su peculiar idiosincrasia impidiese explotar a fondo los aspectos más melodramáticos, populacheros o chabacanos de los argumentos que le encomendaban.

Naturalmente, hay muchas maneras de sabotear el sentido expreso de una película, y puede hacerse en medidas muy diferentes. Buñuel empleó, durante los primeros años de su carrera mexicana, todos los métodos imaginables y en todos los grados posibles, según lo requiriese su discrepancia con los guiones que tuvo que realizar. Tenemos, así, películas casi íntegramente controladas por Buñuel, desde el inicio del proyecto, y en las que no se vio obligado a dirigir *a contrapelo*, contra el guión, sino que pudo actuar a favor de lo escrito, simplemente cuidándose de que sus intenciones no resultasen demasiado evidentes y provocativamente opuestas a lo aceptado por el público (por ejemplo, *Ensayo de un crimen*); en otras ocasiones, en cambio, tuvo que narrar fábulas con moralejas intolerables (como *Susana*), sin posibilidad de alterar la conclusión, y hubo de aplicarse sistemáticamente —puesto que en un caso como el citado no era posible relativizar el sentido moralista manifiesto y explícito— a *exagerar* el mensaje farisaico y convencional de la película hasta extremos que lo hiciesen escandaloso, inverosímil e inadmisible no sólo para quienes no compartiesen la «ética» hipócrita del guión, sino incluso para aquellos que, sin discutirla, aceptándola en principio, no fueran unos energúmenos comparables a los que Buñuel consigue revelar —fingiendo no criticarles— en los personajes que encarnan de forma extremista, llevándola hasta sus últimas consecuencias, la ideología implícita del argumento, que se suele atenuar o «civilizar» para que parezca más razonable —o más «cargada de razones»— y no puedan rechazarse los excesos que se cometen en su nombre (o utilizándola como coartada, pretexto, escudo o excusa) y deben presentarse como «inevitables» o, a lo sumo, invocando la célebre teoría del «mal menor». Buñuel desenmascara, pues, los «principios» o los intereses que conducen a tales consecuencias, así como a los individuos que con tales «creencias» o «convicciones» tratan de encubrir su ambición, su desequilibrio mental, su desprecio por los demás o su temor paranoico a todo aquello que, por no estar de acuerdo con ellos o no acatar sus reglas del juego, conciben como enemigo y amenazador.

Entre la táctica seguida en *Ensayo de un crimen* y la adoptada en *Susana* caben muchas otras, y Buñuel durante el tiempo que trabajó en México exploró casi todas, según le hiciese mayor o menor falta contrapesar el argumento y según las posibilidades de intervención que en cada caso tuviese. El resultado fue que Buñuel llegó a convertirse en uno de los directores más astutos y sutiles que han existido, auténtico modelo —aunque no fácil de imitar— en el arte de jugar con el significado cinematográfico valiéndose de lo que suele llamarse la «forma»; hay que destacar, además, el carácter de juego que para Buñuel tenía este trabajo, lo mucho que sin duda debió divertirse volviendo del revés las historias que tenía que realizar, y a ser posible sin que se diesen cuenta algunos actores, productores, censores y críticos o, al menos, sin que pudiesen estar seguros de que les estaba tomando el pelo o dándoles liebre por gato. Porque las películas de Buñuel parecen pobres, pero «clásicas», normales, corrientes; sus rarezas son demasiado constantes y están tan perfectamente incorporadas a la trama que apenas son perceptibles, aunque no por ello dejen de producir su efecto perturbador.

El gran calavera es, en realidad, el primer film de la segunda carrera de Buñuel. No sólo se trata, a mi juicio, de su primera obra maestra mexicana, y de la primera absoluta —muy por encima de *L'Âge d'Or*— que hizo en toda su vida (todavía la considero una de las seis mejores de Buñuel), sino que en ella aparecen, también, los primeros personajes dignos de tal nombre, extraídos de la realidad, explicables psicológicamente, humanos, inteligibles e interpretados, consecuentemente, por los actores, y no meramente —como hasta ahora— encarnados o incorporados físicamente. El actor no era hasta entonces, para Buñuel —salvo en películas que ni firmó ni dirigió totalmente, como las de su etapa española—, sino un soporte móvil; desde *El gran calavera*, en cambio, se convertirá en una de las piezas fundamentales, por escasas que fuesen sus dotes histriónicas, de su forma de hacer cine. No hay que olvidar que, a partir de este momento y con muy contadas —y diría que relativas— excepciones, va a ser un realizador de guiones, unas veces convencionales y otras sólo aparentemente «normales», elaborados de acuerdo con las reglas dramáticas vigentes en el cine, a mitad de camino entre la dramatización teatral y la narración novelesca, con personajes «construidos», cambiantes pero coherentes, sensibles a los estímulos negativos y positivos del entorno, de su pasado y de su herencia genética, y por ello capaces de evolucionar y desarrollarse en unas direcciones y no en otras. Buñuel tuvo que amoldarse a este tipo de relatos, más o menos «realistas», al menos superficialmente, y hay que reconocer que lo consiguió pronto; al segundo intento parecía sentirse cómodo en el marco impuesto por el cine comercial de serie, y demostró ser capaz de moverse en este terreno con una soltura asombrosa.

Para ello contó con buenos aliados en las personas de los hermanos Soler —Fernando, Andrés y Domingo—, entre otros muchos actores —casi todos secundarios, algunos emigrados españoles— que llegaron a constituir, dentro de su anonimato para los cinéfilos no mexicanos, algo parecido a la «compañía fija» de John Ford o Ingmar Bergman. La presencia reiterada de los mismos comparsas, dando vida a personajes semejantes, da lugar —para el que conoce bien la obra de tales directores— a una agradable sensación de «familiaridad», de estar haciendo una nueva visita a un «mundo» ya existente, propio del cineasta en cuestión, y permite sentirse un poco «como en casa», dispuesto a asistir a un nuevo capítulo de su respectiva «comedia humana».

La importancia de los Soler en los primeros años de la estancia en México de Buñuel es enorme, más que por su talento interpretativo —no desdeñable, pero tampoco excesivo— por su *estilo*, totalmente ajeno al naturalismo, lleno de *panache* y presunción. Sobre todo Fernando —que coprodujo con Dancigers *El gran calavera* y creó para Buñuel no sólo el Don Ramiro de la Mata de esta película, sino el Don Guadalupe de *Susana* y, muy en el estilo de Alfonso Muñoz en *Don Quintín el amargao*, el Don Quintín Guzmán de su *remake* mexicano, *La hija del engaño*—, actor enormemente divertido pero que se daba aires de «gran señor» y sabía simular ejemplarmente la locura, el etilismo y la lujuria. Podría haber interpretado perfectamente al Francisco de *Él* en lugar de Arturo de Córdova, y sin duda Buñuel se acordó de este actor cuando eligió a Fernando Rey —curiosamente parecido, aunque más «serio»— para *Viridiana*, ya que tanto el papel que desempeñó en esta película como los siguientes (en *Tristana*, *Le Charme discret de la bourgeoisie*, *Le Fantôme de la Liberté* y *Cet obscur objet du désir*) parecen pensados para su tocayo mexicano.

El encuentro de Buñuel con Fernando Soler tuvo por resultado una de las obras más astutas, inteligentes, ingeniosas y perfectas de toda la carrera del autor de *Viridiana*. De una economía narrativa ajustada a su presumiblemente modestísimo presupuesto, es también, al mismo tiempo, una de las más veloces y una de las más complejas, y tal vez, de las centradas en un protagonista único —Don Ramiro—, la que mueve con más soltura un mayor número de personajes secundarios, perfectamente dibujados todos ellos, con vida propia y humor característico cada uno, hasta el extremo de que acaba por ser una *historia de familia*, comparable en su riqueza y amplitud de análisis a los melodramas de Sirk —*Written on the Wind* (Escrito sobre el viento, 1956)— o de Minnelli —*Home from the Hill* (Con él llegó el escándalo, 1959)—, aunque evidentemente recurriendo a otros métodos.

Sin despreciar otras películas de esta etapa —como *La hija del engaño*, *Subida al cielo*, *El bruto*, *La ilusión viaja en tranvía* o *El río y la muerte*, todas notables—, creo que vale la pena detenerse a estudiar en detalle la estructura y el funcionamiento de *El gran calavera*, más aún que por su excelencia, por la posición que ocupa en la cronología buñueliana. La mayor parte de cuanto diga de ella será aplicable, en menor grado, a las restantes películas de los años 1950-54 que no aborde en profundidad.

La primera imagen de *El gran calavera* es tan característica de su autor que incluso tiene un antecedente en *La hija de Juan Simón*: vemos una mezcla de pies y piernas entrecruzados; por los zapatos se nota la procedencia y categoría socioeconómica heterogénea de las personas que duermen la mona, amontonadas, en una celda, tras una noche de juerga.

Entre los bebedores incorregibles está Don Ramiro de la Mata (Fernando Soler), que por la mañana es puesto en libertad y se dirige dando tumbos a su mansión familiar, situada en un barrio residencial de la capital. Juan (Antonio Monsell), el cínico mayordomo, avisa de su regreso al hermano del «calavera», Ladislao (Andrés Soler), así como al hijo, Eduardo (Gustavo Rojo); éste advierte a su hermana, Virginia (Rosario Granados), de que su padre está de vuelta («ahogado»). Todos le esperan impacientes, como todos los mediodías, para sablearle, sabedores de que, tras sus jaranas nocturnas, y aunque con ironías —no es tonto— suele mostrarse irresponsablemente generoso y sonriente. Si la casa se ha convertido en una cueva de gorrones —los parientes ya citados más la cuñada, Milagros (Maruja Griffel)— y de vagos maestros de la sisa —toda la servidumbre— su oficina es el caos, para desesperación de su responsable y paciente apoderado, Don Alfonso (Antonio Bravo): como Don Ramiro no suele aparecer por allí, salvo —si acaso— para echar un trago en su despacho particular, nadie da golpe (unos charlan, aquél trabaja para otra empresa, aquélla hace punto...) y los asuntos se duermen sin que de la Mata se preocupe de arreglar ciertos problemas legales y económicos que están a punto de llevarle a la quiebra. Desde que enviudó, Don Ramiro se ha dado a la bebida y no hay quien le haga entrar en razón, sobre todo teniendo en cuenta que casi todos los que le rodean son parásitos ociosos sin el menor interés por que recobre la lucidez, mientras siga aflojando la cartera. Ante tal situación, y como último recurso, el probo apoderado pide al hermano médico, que vive fuera de la ciudad, que trate de arreglar la situación. Mientras el jaranero exclama: «Esto es vida y lo demás es tutti-frutti», bailando en casa de su ridículo amigote Don Carmelito (Nicolás Rodríguez), Don Alfonso pone a Don Gregorio (Francisco Jambrina, curiosamente parecido a Antonio Bravo, se diría que son hermanos) al corriente de lo que sucede y le advierte de la ruina con escándalo que se avecina. El doctor decide tomar cartas en el asunto, pero no logra ver a su hermano hasta su impuntual llegada a la petición de mano de su hija por un petimetre arribista, Alfredo (Luis Alcoriza), de madre bigotuda para colmo, a quien Don Ramiro, cuando está sobrio, detesta en silencio, pero al que ahora, borracho como una cuba, expone pormenorizadamente lo que piensa de él y de «ese señor» (se refiere a su madre) que le defiende. La fiesta tiene un final anticipado y tormentoso, y Don Ramiro cae inconsciente.

Transcurridos 28 minutos de película, y ante la gravedad de cuanto sucede, Don Gregorio pone en práctica un plan que, con el pretexto de apartar a su hermano Ramiro de la bebida y librar a la familia entera de la quiebra, se propone, además, dar su merecido a los demás miembros del clan. Se trata de hacer creer a Ramiro, cuando despierte en una casucha miserable de las afueras, que lleva mucho tiempo sin sentido y ha estado al borde de la muerte, que les han embargado por quiebra fraudulenta, que le persigue la policía y que todos han tenido que mudarse a trabajar como artesanos, costureras, lavanderas, etc. De este modo, espera el doctor, su hermano reaccionará; mientras, los refunfuñones y haraganes parientes que hasta entonces han vivido a costa de Ramiro, tendrán que, por lo menos, fingir que hacen algo, comerán más modestamente y gastarán tan sólo lo que Gregorio y Don Alfonso les pasen. Así sucede, en principio: cuando Ramiro despierta en aquel cuchitril que no conoce, y le cuentan que hace un año que tuvieron que abandonar la casa de Las Lomas, mostrándole un recorte de prensa amañado para vencer su incredulidad, el calavera les pide perdón, se deprime y está a punto de suicidarse, para que así cobren el seguro. Pero cuando un joven vecino, Pablo (Rubén Rojo), electricista, mecánico, recadero y lo que se tercie, le impide tirarse desde la azotea, descubre por sus palabras que llegaron allí el día anterior, y deduce que todo lo demás es un simulacro; de modo que, sin decir nada, Ramiro decide aprovechar la situación para dar a su familia un escarmiento y, de acuerdo con Gregorio y Don Alfonso, les hace creer que de verdad ha sucedido lo que antes inventaron para hacer que Ramiro dejase la bebida. Ramiro disfruta con la comedia, casi sin poder contener la risa mientras el apoderado les da la mala noticia de que la quiebra se ha producido de verdad, y que lo que hasta ahora había sido un juego es ahora la triste realidad.

Ramiro vive desde entonces una doble vida, durante aproximadamente mes y medio: primero hace trabajar a los demás —sobre todo al vago de Ladislao, que es el que más protesta, arguyendo cosas como: «Es que yo profeso una doctrina filosófica... se llama el quietismo» o «¿Trabajar un hombre digno como yo?»—, mientras él duerme con el pretexto de estar aún convaleciente y se limita a llevar las cuentas y actuar como tesorero del clan; poco después dice haber conseguido trabajo en una funeraria, y va a la oficina —que ahora funciona muy bien— y a comer y reposar en su casa de Las Lomas, lo que le permite ahorrarse las comidas que prepara, con pocos medios y nula práctica culinaria, su cuñada, fingiendo inapetencia, del mismo modo que camufla en un paquete de «Gardenia» los cigarrillos «Lucky Strike» que fuma. Mientras tanto, y aunque al principio no hiciesen más que rezongar, remolonear y lamentarse de su desdicha, Ladislao, Milagros, Virginia y Eduardo se han adaptado bastante a su condición de «venidos a menos». Ladislao, obligado a ejercer de carpintero, y apremiado por la cantidad de trabajo que le consigue Pablo, ha acabado por aprender el oficio, tomarle gusto y hasta cobrar orgullo profesional; Milagros, siempre inmovilizada por dolencias imaginarias y voraz consumidora de medicinas, ha descubierto que en realidad no sólo puede moverse, sino coser, lavar ropa, limpiar la casa y guisar, sin tiempo para acordarse de unas enfermedades y dolores que ya no siente; además, ha hecho buenas migas con las vecinas y ha extremado el habla popular con un regusto barroco que asombra a los del barrio y a su familia por igual. En cuanto a Virginia, apartada de su ridículo y advenedizo pretendiente, se ha enamorado del modesto, orgulloso, entusiasta y trabajador Pablo; Eduardo, por último, no echa de menos los coches deportivos que estrellaba cada poco y se conforma con su nueva profesión de limpiabotas, además de decidir, cuando pueda, reanudar sus estudios. Tan radical cambio no puede durar demasiado, sin embargo, y pronto estalla la crisis: el aspirante a la mano de Virginia, asombrado por la desaparición de toda la familia, ronda su abandonada mansión, y un día ve salir de ella, elegantemente vestido y recién comido, a Don Ramiro; el mayordomo le cuenta lo que sucede y le da la dirección de la casucha de las afueras en que viven recluidos los de la Mata; Alfredo y su bigotuda «señora mamá» se presentan allí, con gran disgusto de Pablo, y les ofrecen apoyo financiero, con fingida generosidad —pues saben por Juan que no están en la ruina— que conmueve a Virginia y casi convence a Don Ramiro de que no es el cazador de dotes que él imaginó. Poco después, Ladislao pesca una conversación entre Gregorio y Ramiro en la que el primero da cuenta al segundo de la buena marcha de sus negocios y entonces estalla la verdad: Ladislao se indigna, Pablo rompe con Virginia al saber que es rica y pensar que todo ha sido tonta diversión de millonarios ociosos, y así acaba el experimento.

De nuevo en la lujosa mansión familiar, Ladislao arregla sillas por gusto, y proyecta fundar una fábrica de muebles; Milagros se dedica a la repostería; Eduardo estudia en la universidad y Virginia prepara su equipo de novia para contraer matrimonio con Alfredo. Pero el mayordomo, momentos antes de la boda, confiesa a Don Ramiro que Alfredo sabía por él, antes de ofrecerles ayuda, que en realidad no estaban arruinados. Don Ramiro corre a decírselo a Virginia, pero su hija sigue empeñada en casarse, más que nada por despecho ante la intolerancia de Pablo, que no tuvo fe en ella y la condenó simplemente por ser rica. Empieza la ceremonia, pero llega a los alrededores Pablo, usando los altavoces publicitarios de su furgoneta para interrumpirla con locuras alusivas enmascaradas de *slogans* comerciales. Cuando el sacerdote pregunta por posibles impedimentos, Don Ramiro salta y dice que hay varios, enzarzándose en una pelea con el novio y su madre, que Virginia aprovecha para escapar corriendo hacia Pablo y huir con él, mientras los altavoces difunden el sonido de sus besos y proclaman su felicidad recobrada.

Como incluso este resumen esquemático —que omite cien detalles, sutilezas, «gags», diálogos delirantes, deliciosos momentos de comedia— permitirá —espero— apreciar, *El gran calavera* es una película muy compleja, llena de giros e inversiones dramáticas, que juega con cómica habilidad el juego de la realidad y la apariencia. De este modo, lo que en un principio pudo no ser sino una simple fábula moralizante, que predicaría la modestia, la humildad, el samaritanismo y la buena vecindad, denunciando amablemente los excéntricos caprichos de los ricos, o la vuelta al orden y a la normalidad que supone la regeneración del alcoholismo mediante la «cura de ayuno» y el trabajo, se convierte en una lección para *todos* los personajes, pero sin que ninguno de ellos sea el que la dé a otros; de ella no se libra ni siquiera Pablo, de clase humilde pero más orgulloso que nadie y tan sensible a los prejuicios como cualquiera. A este resultado no es ajeno, en modo alguno, el recurso, típicamente buñueliano, de hacer más simpáticos y divertidos a los personajes en teoría más negativos, y a no omitir lo que de pesados, aburridos y carentes de vitalidad tienen los más responsables y «positivos»: así, qué duda cabe, es más gracioso el jaranero Don Carmelito que el apoderado Don Alfonso, y es mucho mayor el ingenio y el atractivo de Ladislao o de Ramiro el calavera que el de Gregorio o el Ramiro arrepentido, mientras Pablo sólo resulta verdaderamente simpático cuando actúa, como al final, subversivamente, o cuando, queriendo hacer un favor, fastidia a Ladislao trayéndole muebles rotos que componer.

De este modo, y también, fundamentalmente, por medio de la estructura narrativa de la película, Buñuel ha conseguido rehuir el maniqueísmo y las fáciles moralejas. Y todo ello con un sentido del ritmo, un ingenio, una soltura, un afecto hacia los personajes, una imaginación visual y una simplicidad admirables, comparables, dentro de los medios modestos que tenía a su alcance, con los de los maestros de la comedia americana.

No hay que olvidar, por otra parte, que los guionistas eran Luis y Raquel Alcoriza, que colaboraban por vez primera con Buñuel y que, al adaptar una comedia de Adolfo Torrado, le brindaron un material lleno de peligros ciertamente, pero también de posibilidades que Don Luis supo aprovechar al máximo. De este modo, Buñuel demostró que era capaz de hacer un film comercial que, sin salirse de los esquemas industriales del cine mexicano de la época, ni causar escándalo alguno, le permitiese expresar con claridad sus ideas acerca de la sociedad y la gente. Tan sólo necesitaba contar con la complicidad de algún otro miembro del equipo de la película, y en este caso tuvo dos aliados, por lo menos, entre los actores —los hermanos Soler—, probablemente en las mejores interpretaciones de sus carreras, y otros dos en el departamento de guión, además del apoyo que supuso el que los productores fuesen Óscar Dancigers y el propio Fernando Soler. No es demasiado extraño, pues, que en tan propicias —al menos, relativamente— condiciones Buñuel consiguiera hacer de su segunda película mexicana su primera obra maestra absoluta, si bien también es cierto que se trata de un producto tan poco llamativo y tan pobre en apariencia que nunca recibió la atención que, a mi entender, le corresponde. Probablemente, porque tardó unos diecisiete años en llegar a Francia, y en un momento en que su cine había cambiado mucho (era la época de *Belle de jour*, más o menos); de lo contrario, ocuparía el lugar que merece, junto a *Él* y *Ensayo de un crimen* —que fueron descubiertas y defendidas con lúcido entusiasmo por la crítica francesa durante los años 50—, entre las mejores películas de la primera etapa mexicana de la carrera de Buñuel. En España, ningún film de Buñuel ha corrido peor suerte: estreno fantasma —tal vez deliberadamente ocultado— en los primeros años cincuenta, del que puede que sólo se enterase Ángel Falquina, su reposición en 1971 fue un fracaso crítico y comercial; hasta en la Filmoteca debe contarse entre las películas menos taquilleras de su autor.

Sin embargo, si tuviera que elegir la obra de Buñuel más accesible y de la que más podría haber aprendido el cine español de los 50, optaría sin vacilar por *El gran calavera*, uno de sus logros más redondos y al mismo tiempo más sutiles, menos tributarios de los elementos ostensiblemente buñuelianos que se encuentran —muy bien integrados— en *Él* o *Ensayo de un crimen*, o bien, de forma algo forzada, puesto que ocasionan rupturas de estilo muy evidentes, en *Los olvidados*. Tampoco se trata, además, de un caso de enfrentamiento con el guión como el que representa *Susana*, película salvada *in extremis*, a base, como apuntábamos, de astucia y exageración caricaturizadora de las premisas moralizantes y melodramáticas del guión, pero que no permitió a Buñuel desenvolverse con la soltura, la serenidad y la elegancia de que hizo gala en *El gran calavera*; además, tuvo más suerte con los actores que en *Abismos de pasión*, *La ilusión viaja en tranvía*, *Subida al cielo* o *El bruto*, lo que explica, en buena medida, la superioridad del segundo film mexicano sobre gran parte de los posteriores. Incluso cuando contó con medios más abundantes y tuvo mayor libertad de maniobra, pocas veces tuvo un punto de apoyo tan inteligente e ingenioso como el guión de *El gran calavera*, lo más parecido que he visto, fuera del cine americano, a la ejemplar complejidad de *To Be or Not to Be* (Ser o no ser, 1942) de Ernst Lubitsch.

MANUAL DE SUPERVIVENCIA

Casi todas las películas verdaderamente *sentidas* de Buñuel tienen por motor y centro de interés uno de los instintos o impulsos fundamentales del hombre. Al menos así fue desde *L'Âge d'Or* hasta *Tristana*, puesto que sus últimas tres obras, francesas por más señas, y que forman algo así como una vaga «trilogía», parecen prestar más atención a los tropiezos, las zancadillas y las interrupciones que al propio caminar de los personajes.

Los olvidados y *Robinson Crusoe*, aún más intensamente que *El gran calavera*, *Cela s'appelle l'aurore* (1955), *La Mort en ce jardin*, *The Young One/La Joven* (1960) o *El ángel exterminador*, son films dedicados al instinto de supervivencia. La asociación de aquellas dos películas puede sorprender, pero me interesa especialmente analizarlas juntas precisamente por lo mucho que —a primera vista— difieren entre sí: su mera yuxtaposición puede ayudar a deshacer algunos de los malentendidos —graves y de piel resistente— originados en su momento por *Los olvidados*, tan cegadores, aunque en sentido opuesto, como los suscitados anteriormente por *Un chien andalou*. Del mismo modo que no hay contradicción entre este cortometraje y *L'Âge d'Or*, por un lado, y *Las Hurdes*, por otro, sino una relación de complementariedad, *Robinson Crusoe* sirve para matizar y ampliar la visión del mundo que ilustra con desgarro y elementalidad brutal *Los olvidados*, y no, como pudiera creerse, para desmentirla o contradecirla.

Los olvidados fue la primera película evidentemente ambiciosa, seria e indiscutiblemente «respetable» que rodó Buñuel en México. Desde su proyección en el Festival de Cannes de 1951 se convirtió en una de sus obras más famosas y elogiadas, de más amplia aceptación y más persistente prestigio. No hay que olvidar que supuso, para la crítica internacional, el reencuentro inesperado, veinte años después, con el mosquetero cinematográfico del surrealismo; a partir de entonces, aunque todavía intermitentemente hasta el Festival de Cannes de 1961 y el escándalo de *Viridiana*, Buñuel recobró su renombre de partida y la estima, más o menos sincera, de los dictadores del gusto. Pero hay que tener cuidado: tras su aparente naturalismo cutre y miserable, *Los olvidados* es una de las creaciones más luminosas de Buñuel; a pesar de defectos tan obvios como disculpables —rudimentarismos de expresión directa, empeño por dejar las cosas claras más que presuntuosidad artística o algo afectados recordatorios de su filiación surrealista—, todavía es un film admirable, que el tiempo no ha logrado abatir ni erosionar: ni siquiera ha hecho de él, como de tantos premios de festival henchidos de buenas intenciones y de voluntarioso testimonialismo, una rancia y pesada pieza de museo (mucho cine barriobajero de delincuentes juveniles en las grandes ciudades que se hace ahora podría tomarlo aún como modelo). Cierto que su reputación descansa en un equívoco, en un espejismo no del todo involuntario, y que poco o nada tiene que ver *Los olvidados* con la triste historieta de Cesare Zavattini filmada con más sentimentalismo que otra cosa —pero también con talento— por Vittorio De Sica como *Sciuscià* (El limpiabotas, 1946), pero no es lícito cargar un error de perspectiva de la crítica sobre las espaldas de un cineasta que ha sabido contemplar con tino y agudeza, sin dejarse engañar ni ablandar, el mundo que le rodea.

A primera vista, como decíamos, *Los olvidados* puede antojarse elemental, tosca, ruda y sumaria. Tiene la urgencia y el ritmo del reportaje, los trazos secos y enérgicos del boceto, la sencilla concisión del apunte, la aparente falta de elaboración del documento en bruto, de la instantánea. Sus acotaciones psicológicas no son retorcidas ni descubren nada nuevo (aunque tal vez sí más profundo). No entra en disquisiciones sociológicas ni propone soluciones, y no puede sentir demasiada confianza en los remedios que ve poner en práctica por gente de buena voluntad y escasos medios. Tampoco se complace —todo lo contrario— en el pesimismo, aunque no acierta a vislumbrar una salida que no sea la muerte. ¿Cómo un film de tales características pudo ser considerado casi unánimemente una obra maestra? Muy sencillo: porque todavía estaba de moda el «neorrealismo» (Roberto Rossellini no había rodado aún *Europa '51*), y esa etiqueta sirvió para dar por bueno y apropiado a las circunstancias el «torpe aliño indumentario» de Buñuel. Además, y a falta de «mensaje» o moraleja, *Los olvidados* planteaba, abordaba o recordaba un «tema importante»: la miseria, la delincuencia juvenil, el abandono o la orfandad de los niños.

Sin embargo, nunca fue Buñuel hombre de estadísticas y generalidades, ni es lo suyo la objetividad distante o la visión de conjunto. Tampoco en aquella ocasión, aunque así quisieran muchos críticos hacérselo creer a sus lectores. *Los olvidados* es una película de personajes perfectamente dibujados e individualizados, tan únicos y tan escasamente representativos de una situación determinada o de una clase social como cualesquiera otros de su obra. El Jaibo, Ojitos, Pedro, Meche, el mendigo ciego, la madre de Pedro, Julián y su padre alcoholizado, son seres de ficción con vida propia en la pantalla y difíciles de olvidar, del mismo modo —y por razones no del todo distintas— que los componentes del *Grupo salvaje* o la heterogénea patrulla dividida del *Mayor Dundee*. Por eso, y en contra de lo que puede pensarse tras una visión superficial y apresurada de la película, *Los olvidados* cobra a medida que avanza la narración una complejidad que no estaba ya prevista en el punto de partida. Sin tesis que exponer ni teoría alguna que demostrar, tomando la salida con la desnuda crudeza de unos cuantos datos, Buñuel se las ingenia para contarnos simultáneamente las vidas breves, precarias y amenazadas de un grupo de personas, en gran parte adolescentes y niños, cuyas trayectorias erráticas se entrecruzan una y otra vez hasta tejer una trama imprevisible y rica en aventuras e incidentes.

El secreto de la película estriba en que la mirada de Buñuel rehúsa la compasión, el sentimentalismo enternecido o estremecido de Zavattini y De Sica o el quizá hipócrita de sus discípulos o emuladores tardíos, y nos enfrenta directamente, sin paños calientes ni embellecimiento alguno, sin alardes estilísticos ni tentaciones poetizantes, con el dilema de sus numerosos protagonistas: vivir mal o mal morir. Esto, que exige un auténtico *realismo moral* y una combinación de valentía y entereza que no ha prodigado el cine, no presupone que el cineasta adopte un estilo realista ni que coquetee con el naturalismo. Nada, como hemos visto ya, tan ajeno a Buñuel; de hecho, *Los olvidados* es un film que puede resultar particularmente incómodo justo por el desfase que, como de costumbre, existe en todo momento entre lo que se entiende habitualmente por «realidad» y el terreno marginal en que Buñuel sitúa al espectador: su negativa a subjetivizar la narración —sin que por ello ésta pueda calificarse de «objetiva», ni siquiera de «imparcial» o «distanciada»— y a fomentar la identificación con los personajes hace que el público se sienta impotente y muy consciente de su forzosamente pasiva condición.

Y esto Buñuel sabía conseguirlo sin recurrir a ningún género de efectos; la ausencia de retórica, de discursos y de sensiblería hace que el espectador se vea confrontado a una situación insostenible, escandalosa e intolerable, y encima no pueda hacerse ilusiones acerca de su posible remedio. Nadie en *Los olvidados* se cree redentor, porque Buñuel no hace trampas ni da engañosas esperanzas; ni siquiera permite el desahogo de la rabia.

La dureza de la película no tiene nada, sin embargo, de crueldad o indiferencia. No melodramatiza o carga las tintas —véase, por ejemplo, la discreta pero muy clara escena muda, juraría que inspirada por *City Lights* (Luces de la ciudad, 1931), de Charles Chaplin, con el pederasta—. Por el contrario, se intuye y se puede compartir el enorme afecto y la comprensión que siente Buñuel hacia sus personajes. En ese sentido, lamento que François Truffaut incluyese varios textos de André Bazin sobre siete películas de Buñuel, más una larga conversación entre ambos (y Jacques Doniol-Valcroze) en un libro recopilatorio titulado —a mi entender, con escasa fortuna— *Le Cinéma de la cruauté*[*], que contiene una excelente crítica de *Los olvidados* y varios otros comentarios que ilustran el inexplicable desconcierto que con frecuencia producen las películas de Buñuel (y en especial, las mexicanas) en Francia. En *Los olvidados* no hay condenas; tampoco disculpas. No hay siquiera quejas, ni alusiones críticas para desplazar la responsabilidad hacia las instituciones, el Estado, los padres o los funcionarios. Muere Julián, muere El Jaibo, muere Pedro, y sólo sobrevive, cuando la palabra «Fin» concluye una película que no ha perdido actualidad, el que fuera antes abandonado, Ojitos. Las cosas son así, y no pueden ni deben ser de ese modo, pero son así desde hace mucho, y seguramente seguirán así durante mucho tiempo todavía, pase lo que pase y se haga lo que se haga. Atreverse a dar a entender tan poco optimista conclusión requiere de un artista una convicción y una fuerza moral que muy contados directores de cine han demostrado tener.

Robinson Crusoe (rodada en 1952 y con copyright de ese año) parece haber sido una de las pocas películas

*. Flammarion, 1975; traducido en *El cine de la crueldad*, Mensajero, Bilbao, 1977.

de Buñuel que se estrenaron en España antes de la muerte de Franco; no he logrado encontrar confirmación, pero juraría haberla visto con mis abuelos en el Real Cinema hacia las Navidades de 1955, naturalmente sin saber quién era Buñuel, y por supuesto doblada, y no sé si cortada, pese a ser más bien breve.

Es un film sorprendente en la carrera —en sí misma variada y con bastantes incursiones inesperadas en terrenos nuevos para él— de Buñuel, tanto que casi nadie parece prestarle la debida atención. Es la primera película «americana» que hizo, una coproducción Tepeyac-Olmec distribuida por United Artists, rodada íntegramente en inglés y protagonizada por Dan O'Herlihy. Basada más en las ilustraciones de la edición castellana que Buñuel leyó de niño que en la novela de Daniel Defoe, de la que toma tan solo las líneas de fuerza y los dos personajes básicos, reinterpretándolos a su manera, es una película de enorme belleza plástica (fotografía de Alex Phillips en Pathécolor) que enlaza con la tradición anglosajona del cine de aventuras más que con la española o la mexicana con las que tiende a asociarse al cineasta. Febril e intuitiva, con un ritmo trepidante debido más que a la acumulación de acción al paso elíptico de una peripecia o labor a otra —a Robinson, solo por completo, se le amontonan las tareas pendientes—, apenas sugeridas o esbozadas cuando han de ser ya atendidas y completadas.

Sólo mencionada de pasada, y tratada a menudo como si fuese una «concesión» al cine comercial y un producto artesanal (porque no es rica ni lujosa) convencional, es para mí una de las películas más significativas, reveladoras y deslumbrantes de Buñuel. Las hay quizá mejores o más perfectas, más abismales y enigmáticas, más sugerentes, pero en pocas se detecta un placer de filmar (Buñuel decía que procuraba rodar muy rápidamente para no aburrirse) y un sentido del cine tan arrebatados —y arrebatadores— como en ésta, la primera en color que hizo. El partido que Buñuel logró sacar de unos recursos presumiblemente irrisorios si se comparan con los de cualquier film de aventuras contemporáneo producido por la Universal, como los que por entonces rodaba a menudo Raoul Walsh, es verdaderamente sorprendente, como de hecho casi todo lo demás: desde la interpretación de Dan O'Herlihy (en la V.O.; juraría que doblado en la versión mexicana por Claudio Brook, cuyo aspecto físico como Simón el estilita en *Simón del desierto*, 1964/5, debe no poco a *Robinson Crusoe*) hasta la música, adaptada por Luis Hernández Bretón a partir de temas de Anthony Collins.

BUÑUEL AMABLE

Pocos adjetivos me hubiesen parecido menos adecuados para Luis Buñuel cuando no había visto apenas películas suyas, pero había leído mucho sobre él y su cine. Y, sin embargo, muy pronto y más cuantas más películas suyas iba conociendo, me sorprendió advertir que Buñuel no era —al menos como cineasta— un irascible protestatario, inscribible en un llamado «cine de la crueldad», malhumorado o sarcástico, caricato implacable y con una visión del mundo y de la vida predominantemente negativa y misantrópica. Resultó pronto que no era, como podría deducirse de muchos textos y comentarios, un cineasta «de denuncia», y que uno de sus recursos básicos era un gran sentido del humor y una notable afición a las bromas, incluso cierta tendencia a ver el lado cómico o ridículo o chusco de las situaciones, incluso las más dramáticas. Un poco lo que sucinta y certeramente expone uno de los pasajeros del autobús en que tratan de escapar los protagonistas de *Torn Curtain* (Cortina rasgada, 1966) de Alfred Hitchcock: «Por un lado, tiene gracia, pero por otro, maldita la gracia que tiene».

Para colmo, son rasgos esenciales de su estilo, al menos desde su llegada a México, la modestia y la sencillez. No llega allí como el famoso artista surrealista al que muchos habían consagrado para luego, tras su prolongada ausencia de las pantallas, olvidarlo y quién sabe si en algún caso darlo por muerto. Su actitud me parece significativamente paralela a la de muchos grandes cineastas hollywoodienses, que habían triunfado y logrado éxitos de taquilla y crítica, y ganado Oscars en los años 20 y 30, pero que en los años posteriores a la Segunda Guerra Mundial y hasta buena parte de la década de los 50 fueron considerados «pasados de moda» y, si conseguían rodar, debían conformarse con presupuestos relativamente pobres o incluso de serie B. Esto le sucedió a Frank Borzage, Frank Capra, John Ford, Allan Dwan, Leo McCarey, Raoul Walsh, Fritz Lang, William A. Wellman, George Stevens, Clarence Brown, Henry King, King Vidor, Ernst Lubitsch y otros (se libran Hitchcock y DeMille), que no habían perdido su talento, y en muchos casos lo habían madurado con nuevas experiencias, entre ellas la de presenciar la guerra y sus efectos, que a veces llegaron a filmar. Yo encuentro que algunas de las películas rodadas por Buñuel en México durante los años 50, incluso tras el éxito en Cannes 1951 de *Los olvidados*, se asemejan mucho, como productos, estilísticamente y en ocasiones por su tono, a la «Cavalry Trilogy» (*Fort Apache*, *She Wore a Yellow Ribbon*, *Rio Grande*), *Three Godfathers*, *Wagon Master*, *When Willie Comes Marching Home, The Sun Shines Bright* o *Mogambo* de Ford, *My Son John* o *Good Sam* de McCarey, *Ruby Gentry*, *Japanese War Bride*, *Lightning Strikes Twice* o *Beyond the Forest* de Vidor, *Cluny Brown* de Lubitsch, *State of the Union* de Capra, *House by the River* o *Clash by Night* de Lang, *Margie* o *Deep Waters* de King, *Along the Great Divide*, *The World in His Arms*, *Sea Devils*, *Glory Alley* o *Silver River* de Walsh, *Intruder in the Dust* o *Plymouth Adventure* de Brown, *Something*

To Live For o *I Remember Mama* de Stevens, *I've Always Loved You*, *The Spanish Main* o *Moonrise* de Borzage, *The Next Voice You Hear...*, *My Man and I* o *Goodbye, My Lady* de Wellman, y sobre todo *Driftwood*, *Angel in Exile*, *Surrender* o *The Inside Story* de Dwan. Películas, casi todas ellas, desconocidas o menospreciadas, en general excelentes y de gran interés, lo mismo que les ha sucedido, normalmente, en mayor o menor medida, a *El gran calavera*, *Susana*, *La hija del engaño*, *Una mujer sin amor*, *Subida al cielo*, *El bruto*, *Robinson Crusoe*, *Él*, *Abismos de pasión*, *La ilusión viaja en tranvía*, *El río y la muerte* y *Ensayo de un crimen*. Con el tiempo, algunas de estas doce películas han ido siendo parcial y lentamente valoradas, y en algunos casos han recibido cierta atención individualizada, inicialmente *Susana* (tal vez porque se estrenó en Francia como «la peor película de Buñuel»), luego, muy tardíamente, *Él* y *Ensayo de un crimen* (que para mí han sido dos de las obras maestras absolutas de Buñuel). Aún quedan algunas por descubrir y, sin exagerar sus méritos o virtudes, vindicar. Entre ellas, hay ciertamente obras «menores», pero no por ello insignificantes, carentes de valor o desprovistas de gracia, emoción o encanto.

Otro elemento curioso, que emparenta sobre el Atlántico algunas de estas modestas películas, en su mayoría rodadas en un lapso de tiempo de entre 18 y 25 días, con algunas españolas también realizadas en esas fechas, es que varias comienzan con una voz en *off* —generalmente de un narrador invisible— que explica dónde comienza la acción, alguna peculiaridad del lugar o de sus moradores y a veces da un tono peculiar al relato, es decir, lo mismo que sucede en varias películas de Edgar Neville, Luis García Berlanga, Fernando Fernán-Gómez, Manuel Mur Oti, Ana Mariscal, Juan Antonio Bardem o José Antonio Nieves Conde, por ejemplo.

Susana (1950/1)

Se trata, evidentemente, de una idea pícara y comercial pero con un necesario retorno al orden establecido, desviada por Buñuel del que sería su curso «natural». Hubiera sido, de tratarla con carácter neutral, el peor y más simplista de los argumentos que tuvo que realizar Buñuel, uno que, de no optar por subvertir su «mensaje» explícito, habría estado tentado de rechazar. La aguerrida Rosita Quintana encarna aquí con energía y notable humor a un personaje presentado como una delincuente incorregible y muy conflictiva, fugada de un correccional muy distinto, por lo entrevisto, del que conoce brevemente Pedro (Alfonso Mejía) en *Los olvidados.*

No es frecuente que los personajes de Buñuel recen, pero aquí vemos a la vistosa Susana, en su celda, desesperada en medio de una tormenta, implorar la ayuda divina: «Dios mío, sácame de aquí... Dios mío, tú que... Dios de las cárceles, haz un milagro si puedes, sácame de aquí...»; son sólo algunos fragmentos de su oración, pero su plegaria tiene inmediata respuesta, y la furiosa tormenta desprende la reja de la ventana (cuya sombra dibujaba una cruz), por la que rápidamente escapa Susana y corre huyendo bajo un auténtico diluvio. A Buñuel, evidentemente, Susana le hace gracia y le cae simpática. No es culpa suya si parece atraer con facilidad a todos los hombres, y es comprensible que lo aproveche tanto por interés como por placer: total, no le hace falta más esfuerzo que algo tan ingenuo como bajarse cada poco un centímetro las hombreras para que asome y resalte un poquito más su busto. Como además de coqueta es joven, ágil, traviesa y alegre, pese a estar casi prisionera en el rancho en el que la acogen y tener que permanecer oculta a sus perseguidores, lo cierto es que va seduciendo a todos: a Alberto, el joven hijo estudiante, a Jesús, el capataz de la hacienda, al dueño, Don Guadalupe (Fernando Soler), de tal modo que hace en la familia el efecto de una bomba de relojería mucho mejor y más rápidamente que Terence Stamp en *Teorema* (1968) de Pier Paolo Pasolini. Naturalmente, tal desorden hogareño no puede tolerarse: el señor es infiel a Doña Carmen, su esposa, el muchacho descuida sus estudios y el encargado no rinde lo habitual, y la moral establecida ha de imponerse a rajatabla. Obligado a respetar esa moral conformista, Buñuel opta primero por la reiteración caricaturesca (con el juego con el tirante-escote) y finalmente por la exageración: padre e hijo se pelean, la madre se enfurece y se convierte, de maternal ama de casa, en una hidra vengativa que azota con una fusta a la ingrata huésped, a la que vienen ya a buscar para devolverla a presidio, delatada por Jesús. La reacción de la señora de la casa es tan iracunda y desproporcionada que su efecto es el contrario al programado, se supone, por la novela de Manuel Reachi (adaptada por Buñuel con Jaime Salvador y Rodolfo Usigli), de tal modo que la película es muy divertida (los tres hombres, sin darse cuenta, observan al mismo tiempo, a través de una ventana, la silueta de Susana) y tiene un ritmo trepidante, además de introducir, sin subrayarlos, elementos críticos, como que la señora, tan protectora de Susana, la trate inmediatamente, y sin siquiera ser consciente de ello, como a una criada, con lo que se gana al instante los celos, la desconfianza y el odio de la sirvienta fija, María.

La hija del engaño (1951)

Se trata de la mexicanización, por Luis y Raquel Alcoriza, de *Don Quintín el amargao* de Carlos Arniches y Antonio Estremera, cuyo argumento, básicamente melodramático, se convierte en una divertidísima comedia delirante, de ritmo trepidante y nula aspiración a la verosimilitud, llegando —tras muchas dilaciones y decepciones— a un *happy ending* absoluto. Una de las múltiples ventajas de este *remake* de la versión para Filmófono, aparte del mayor atrevimiento, el tono más enloquecido y violento y el ritmo aún más vertiginoso, es su *casting*, aunque en Europa se tienda a menospreciar a los actores mexicanos, a menudo más que competentes y más capaces de salirse del consabido registro naturalista: Fernando Soler, Alicia Caro, los disparatados Nacho Contla y Fernando Soto «Mantequilla», Rubén Rojo y Amparo Garrido.

Una mujer sin amor (1951)

Representaba ya un riesgo, para su reputación entre los estudiosos de Buñuel, por ser un melodrama *serio* y totalmente narrado en serio, sin ridiculizar ni poner en solfa nada de lo que la película narra. Por si no fuese suficiente inconveniente, el propio Buñuel vino a agravar la situación. No es que me extrañe que los autores no suelan ser buenos jueces de sus propias creaciones, los ejemplos son múltiples y en cualquier dirección: tantos casos hay de directores que cuenten entre sus mejores obras una de las peores (John Ford con *The Fugitive*) como los que han condenado al desinterés de la posteridad alguna película tan excelente como *Två människor* (Dos personas, 1945) de Carl Theodor Dreyer, aparte de asombrosas lamentaciones parciales (como Hitchcock, que aún deploraba a los ocho años de *Vertigo* que Vera Miles se hubiera quedado embarazada, ¡obligándole a reemplazarla por Kim Novak!). No cuento, cosa frecuente, las muchas ocasiones en que los directores no son plenamente sinceros, o se dejan llevar por la decepción ante el escaso éxito de taquilla o de crítica o premios, o por el afán de promocionar su más reciente realización y así tratar de asegurar la continuidad de su carrera. Pienso incluso en las decepciones que parecen sentidas, y que pueden obedecer a múltiples motivos: desde no haber logrado el reparto ideal que soñaban hasta sentir que no ha sido debidamente comprendida y apreciada la película, sea por algún error de tono por su parte o por la desidia o pereza de distribuidores, productores, críticos o espectadores.

A veces vale la pena tratar de explicarse, ya que ellos no suelen hacerlo, cuáles pueden ser las razones por las que se sienten orgullosos o, por el contrario, casi avergonzados o deprimidos por el resultado o por la acogida de algunas de sus obras. En el caso de Buñuel, me intrigaba por qué decía tajantemente, años después, que era su peor película la que, si no recuerdo mal, ha sido la última de las suyas que conseguí ver, probablemente por el desdén con que, por ese juicio negativo y no razonado del propio Buñuel, ha sido siempre tratada, o más bien «despachada» con un par de frases; en muchos casos, sospecho, ignorada sin siquiera tomarse la molestia de verla. *Una mujer sin amor*, título claramente melodramático de una versión certeramente mexicanizada de *Pierre et Jean* de Guy de Maupassant, con adaptación y diálogos a cargo de Jaime Salvador y diálogos adicionales de Rodolfo Usigli, autor de una única novela, *Ensayo de un crimen* (1954), que sería espléndida y muy libremente llevada a la pantalla por Buñuel en 1955, contaba con una historia sumamente interesante y no excesivamente inverosímil y con un muy notable reparto de intérpretes, la mayor parte de ellos ya utilizados por Buñuel o que volverían a serlo: Rosario Granados, Julio Villareal y Tito Junco entre los mayores; Joaquín Cordero, Xavier Loya, Elda Peralta y Eva Cobo entre la generación joven.

A pesar de su mala fama, a mí me parece una película sumamente interesante, realizada con elegancia, sobriedad y sutileza, sin nada en ella que la haga espectacular o sensacional, y también sin rasgos más o menos llamativos que permitan, a simple vista, identificarla como «obra de Buñuel», sino como una prueba del alto nivel de eficiencia artesanal que ya por entonces había alcanzado y que le permitía hacer una película decente sin incurrir en gastos excesivos y ajustándose a los plazos de rodaje y montaje asignados.

Subida al cielo (1951/2)

Esta película juega con un arranque un poco macabro, que quizá invite a esperar una comedia «negra». Una madre está punto de morir, y dos de sus hijos esperan con ansia por heredar lo importante y dejar sin nada de valor al resto. Otro de los hijos, el más trabajador, Oliverio (Esteban Márquez), acaba de casarse ese mismo día con Albina (Carmelita González) y tiene previsto pasar su luna de miel en una isla desierta cercana, según las tradiciones de San Jeronimín, en la costa del Estado de Guerrero. Ya en camino, uno de los hermanos le hace retroceder ante la inminencia del fallecimiento de la madre, que lo envía a arreglar el testamento a un pueblo distante, al que ha de ir forzosamente en un viejo autobús lentísimo y que ha de superar múltiples peripecias: un reventón de llanta nada más arrancar, niebla espesa en la montaña, una pasajera parturienta que da a luz en el vehículo, otro coche de frente que impide el paso, tormentas torrenciales, la crecida de un río que obliga a tirar del autobús con bueyes y tractor, una parada inesperada con fiesta, comida y baile para felicitar a la madre del conductor, con turistas americanos de alguna sociedad tipo rotarios... Aprovechando esa prolongada escala festiva, la atractiva Raquel (Lilia Prado), que está empeñada en seducir a Oliverio y ya ha conseguido que él tenga un bastante surrealista sueño erótico con ella, logra al fin su deseo de adelantarse a Albina. Pese a todas estas complicaciones, casi milagrosamente, Oliverio arregla a tiempo el testamento de su madre, que había muerto antes de su regreso. Esta escena final no queda muy clara, parece precipitada, como si algo hubiese sido cortado en el último momento, aunque en ningún lado he hallado confirmación.

El bruto (1952/3)

Aunque, por su título y su relativa fama, pueda resultar chocante que incluya en este capítulo la notablemente dramática *El bruto*, lo creo justificado por su tratamiento del personaje titular, Pedro (Pedro Armendáriz), un tipo fuerte y grandote, más bien torpe y manejable, obediente e ingenuo, a quien Buñuel no presenta como un monstruo ni un canalla, sino que lo disculpa por sus circunstancias. Vemos que es no sólo ignorante sino inocente, un simple, incapaz de medir y contener su fuerza física y sus reacciones violentas cuando se siente acosado o insultado. Su relación sumisa y su actitud servil con Don Andrés (Andrés Soler), el despreciable propietario (que tal vez fuera su padre no reconocido) de un edificio del que quiere desahuciar a todos los vecinos, atemorizándolos si es preciso, le lleva a causar la muerte de un inquilino viejo y enfermo, Don Carmelo, con tan mala fortuna que es su hija Meche (Rosita Arenas) la que, buscando protección, le muestra una cierta ternura, de tipo muy distinto a la atracción física que siente por él Paloma

(Katy Jurado), la criada y amante de Don Andrés. Pese a un final totalmente infeliz (salvo para los desahuciados), no es una película muy violenta, impregnada de un cierto fatalismo, y situada en un ambiente que hace pensar en *Los olvidados*.

La ilusión viaja en tranvía (1953/4)

Si bien no se estrenó hasta comienzos de 1954, esta película estaba ya terminada en 1953, y es por tanto anterior a la italiana *Hanno rubato un tram* (Han robado un tranvía, 1954, empezada por Mario Bonnard y terminada por su intérprete protagonista, Aldo Fabrizi), que se estrenó en diciembre y, salvo por el título, no parece tener nada que ver con esta muy divertida película, cuyo inicio, en cierto sentido (el problema que plantea la obsolescencia), puede recordar al arranque de *El último caballo* (1950) de Edgar Neville.

Es otra película amable y un tanto sentimental, que narra con absoluta simplicidad y transparencia, sin asomo de astucias y sutilezas soterradas, sin retorcimiento de ningún tipo, la modesta aventura urbana de una pareja de tranviarios de la capital mexicana, encarnados por Carlos Navarro y Fernando Soto «Mantequilla», a los que se suma la hermana del segundo, Lupe (Lilia Prado). Los dos empleados —conductor y cobrador— han conseguido arreglar el tranvía 133 en que han trabajado durante años y que los técnicos habían dado de baja, y se encuentran con que, de todas formas, pese a la reparación, lo van a reemplazar con nuevos trolebuses y reciben la orden de destinar su tranvía al almacén, para desguace. Ellos deciden montarse en él y darse un último paseo con el 133 por la ciudad. Son pequeñas aventuras, muy ligeras e inocentes, pero con gracia y simpatía. No es preciso detallar todo lo que sucede en los poco más de 80 minutos que dura, ya que eso privaría a quien no la haya visto del placer de descubrir, según avanza la película, a esos personajes, en principio nada extraordinarios.

El río y la muerte (1954)

Otro título, supongo, cuya ubicación en este capítulo puede resultar sorprendente o extraña a primera vista, pero creo que es el lugar que le corresponde a esta algo inusual película de Buñuel, visualmente (pero sólo visualmente) la más cercana al *western* que hizo en todo su periodo mexicano. Generalmente desatendida y muy poco vista, o resumida con errores en los nombres de los personajes y los intérpretes, aclaro que no es en modo alguno una comedia ni una sátira, y que —aunque pueda parecerlo— no es tampoco caricaturesca ni pesadamente moralizante, aunque, sin ser tampoco un drama por completo serio, sí representa un discurso civilizador y crítico de una tradición aún arraigada, al parecer, a mediados de los años 50 del siglo XX en algunos rincones de México: esa obsesión —también conocida gracias al cine en Sicilia y, en otras épocas, en el Oeste de los Estados Unidos— por vengar a un miembro de la familia X matando a otro de la familia Y, lo que —mientras había algún descendiente varón— forzaba a que otro Y matase a su vez a un X, y así hasta el fin de los tiempos o hasta que alguien tuviese el valor de soportar la presión familiar —aquí incluso de su madre, Mercedes (Columba Domínguez)—, y popular y el oprobio de ser tildado por todos de cobarde, poco hombre y traidor a la memoria de sus muertos, y a pesar de las múltiples provocaciones, detuviese esa feroz alternancia de las cuentas pendientes.

Aquí el primero es «el último de los Anguiano», Gerardo (interpretado, como otros hijos médicos y responsables en el cine de Buñuel, como en *Una mujer sin amor*, por Joaquín Cordero), que acaba por «desarmar» los absurdos «razonamientos» de los que aún es víctima Rómulo Menchaca (Jaime Fernández) y así detiene el círculo vicioso de las muertes por represalia.

Es una película seria y nada «irracional», quizá por ello muy poco apreciada, aunque esté excelentemente escrita y realizada, y de nuevo con una interesante estructura narrativa: todo arranca con una voz en *off* que nos ubica en un pueblecito aislado, Santa Viviana, de Tierra Caliente, nos introduce en su culto de las muertes y nos advierte de la persistente vigencia allí de esas venganzas familiares «hereditarias», para continuar a través de un *flashback* con el que el ahora doctor Gerardo cuenta a su enfermera y novia Elsa (Silvia Derbez) cómo le afecta directamente toda esa historia, por ser el hijo póstumo de Felipe Anguiano (Miguel Torruco), casado *in articulo mortis* con Mercedes, que ha cambiado mucho y ahora también pretende que acuda Gerardo a Santa Viviana a enfrentarse con Rómulo Menchaca.

ÉL (1952/3)

Basada en la novela muy autobiográfica de la española Mercedes Pinto (1883-1976) del mismo título, que fue complementada con la otra cara del drama en *Ella*, *Él* supone, desde mi punto de vista, la obra culminante de Buñuel dentro del cine clásico (territorio del que escapan *El ángel exterminador*, *Cet obscur objet du désir* y sus primeras incursiones en el cine, entre 1928 y 1933). Buñuel adaptó con su habitual cómplice y colaborador Luis Alcoriza la novela homónima de 1926 en la que, como decimos, Mercedes Pinto, más que una historia ficticia, relataba detalladamente su pesadillesca vida matrimonial —muy abreviada en la película— al dejarse persuadir o seducir por un supuesto «buen y puro caballero cristiano» que pronto resulta ser un marido posesivo e hiperceloso, narcisista y megalómano, con una paranoia delirante y una manía persecutoria y conspiratoria, que reúne todos los factores para hacer que la vida de su modosa y suave esposa argentina Gloria (Delia Garcés) sea una tortura insoportable desde la misma noche de bodas. Parece ser que Jacques Lacan mostraba esta película a sus estudiantes de psiquiatría como un buen ejemplo de la evolución de esa compleja enfermedad.

Contrariamente a lo que parecían creer —sin leer las novelas ni poseer mucha información— la mayor parte de los críticos franceses, Buñuel no trataba de hacer un melodrama sentimental, ni Pinto fue una especie de Corín Tellado con mucho menos éxito. En el fondo, y según avanza, *Él* pasa de ser el análisis de pequeños síntomas de un personaje inquietante, Francisco Galván (Arturo de Córdova en la más impresionante de sus interpretaciones), a una crónica minuciosa del terrible progreso de su enfermedad, narrado en varios *flashbacks* consecutivos, apenas interrumpidos por breves retornos al presente, en los que «ella» va contando a su antiguo prometido Raúl (Luis Beristáin) lo que ha sido su matrimonio con «él».

Aunque no recuerdo que Buñuel haya admitido algún interés por el cine de Alfred Hitchcock, y hasta puede que le haya dedicado algún comentario poco elogioso, veo en Buñuel ciertas concomitancias con Hitch que no parecen limitarse a una influencia, muy probable, de Buñuel en Hitchcock, que ha sido siempre admirador confeso de Don Luis. Sin embargo, hay ocasiones en las que, cronológicamente, parece inevitable, aunque sea inconsciente, intuir la influencia inversa. Parece raro que Hitch haya visto *Subida al cielo*, pero a quien ha visto ambas películas muchas veces le resulta imposible no acordarse de ella durante una revisión de *Torn Curtain* (Cortina rasgada, 1966). Hay bastantes cosas de *Él* que parecen haber influido en *Vertigo* (De entre los muertos, 1958), en concreto varios planos y encuadres que le hacen a uno preguntarse si Hitchcock habría visto y recordado el film de Buñuel cuando, cinco años después, rodó esta película. Y dado que probablemente sea *Él* la más hitchcockiana de las películas de Buñuel, cuesta no vislumbrar en ella ciertos elementos de *Suspicion* (Sospecha, 1941),

Shadow of a Doubt (La sombra de una duda, 1942), *Spellbound* (Recuerda, 1945), *Notorious* (Encadenados, 1946), *The Paradine Case* (El proceso Paradine, 1947), *Rope* (La soga, 1948) y *Under Capricorn* (Atormentada, 1949), que pueden ser puras coincidencias, pero parecen muchas.

Es *Él* también una muestra de la habilidad de Buñuel en el empleo de un recurso con el que no se le suele asociar, el *flashback*, que es también de gran importancia y sutileza en *Ensayo de un crimen*. E intuyo que no suele mencionarse a Buñuel cuando se habla de ese procedimiento narrativo precisamente porque resulta casi imperceptible pese a cumplir una función muy compleja.

Grandiosamente interpretado por Arturo de Córdova, Francisco Galván es un buen ejemplo de lo que solía llamarse gráficamente —sospecho que sea una expresión en desuso— un «meapilas», en realidad un varón de mediana edad todavía virgen y algo fetichista reprimido, que se prenda de los pies calzados de otra feligresa y la persigue con todo tipo de trampas y tretas, hasta hacer que rompa con su novio formal (casualmente un gran amigo de Francisco) y termine por acceder a casarse con él, asombrosamente fascinada por su carácter dominante, seguro, imperativo. Ya en la (fallida, según parece) y abreviada luna de miel, Gloria empieza a descubrir y sufrir crecientemente sus por completo injustificados celos y su maníaca sobreinterpretación de cualquier gesto como una burla y de cualquier movimiento, atraso, disculpa o descuido como pruebas de la infidelidad de su mujer; cuanto no consigue en sus negocios o asuntos inmobiliarios lo achaca a que sus abogados se han dejado comprar por la otra parte y le han traicionado. Obviamente, no se fía de nadie ni va a ningún sitio, cada vez más solo y encerrado, desprecia a los seres humanos que contempla desde lo alto de un campanario hasta verlos como gusanos a los que, si él fuese Dios, pisotearía y nunca perdonaría.

Aunque Buñuel solía ser un gran humorista, además de un fiel creyente en algunos principios del surrealismo no dogmático, creo que *Él* es probablemente —un poco como *The Wrong Man* (Falso culpable, 1957) en la obra de Hitchcock— una de sus películas más serias, además de una de las más complejas y tensas, de las más elípticamente narradas. Además, tras otra elipsis más, se cierra, brevemente, con uno de los más inquietantes y terribles planos finales que se han filmado en estos 130 años. Sigue siendo hoy una película insuficientemente valorada, aunque algunos la tengamos no sólo por una de las dos máximas obras maestras de Buñuel, sino una de las más grandes de toda la Historia del Cine.

Ya he recordado que, en muchas ocasiones y sobre todo desde Europa, se han emitido críticas despectivas no sólo acerca de los actores mexicanos, sino también a propósito de la supuesta pobreza de los decorados de sus películas; cierto es que en varias de ellas no tienen gran importancia, pero en algunas sí, y en ellas hay que destacar la imaginación barroca y delirante creada por Edward Fitzgerald aquí para toda la alucinante casa de Francisco Galván (diseñada por su padre) y su jardín (creado por su abuelo), seguidas por la notable dirección artística de *Abismos de pasión*, *Ensayo de un crimen* o *El ángel exterminador*.

ABISMOS DE PASIÓN (1954)

Otro típico ejemplo de obra maestra minusvalorada por ser mexicana (y no británica ni hollywoodiense, como la realizada por William Wyler en 1939) y más bien pobre de medios y presentación, parte de una adaptación hecha por Buñuel y Pierre Unik en los años 30 (de ahí un alto grado de surrealismo), y reconducida a otra muy diferente situación con la ayuda de Julio Alejandro y Dino Maiuri. Para empezar, Buñuel hubo de apañarse con un reparto de actores que no es el que hubiera elegido, pero, en el contexto visual logrado, funciona bien Jorge Mistral (como Alejandro, el Heathcliff de Emily Brontë, que encuentro más adecuado y creíble que Laurence Olivier), y no mal del todo Irasema Dilián (Catalina, no peor que la Catherine de Merle Oberon), Ernesto Alonso, Lilia Prado, Francisco Reiguera, Hortensia Santoveña y el niño Jaime González. Sólo me desentona, por excesivo, el pesadamente caricaturesco Luis Aceves Castañeda. Pero lo que pierden en finura los intérpretes de Buñuel frente a los de Wyler lo ganan en furia y locura, lo que los hace más febrilmente románticos, sobre todo Mistral, que llega al borde del ridículo, pero no cae, ya que Buñuel logró siempre frenarle a tiempo. Su manera de caminar a zancadas, de gritar y gesticular consigue acelerar el ritmo de cada escena en la que interviene y movilizar y arrastrar a los demás personajes. Es una película tensa y vibrante, exaltada en cada encuadre, cada gesto, cada frase, cada movimiento de cámara. Creo que el Alejandro de Mistral, exasperado, malhumorado e impaciente en todo momento, incapaz de reposo, es el primero de varios personajes de Buñuel (y algunos de Godard) que entran (y salen) de las casas por las ventanas en lugar de hacerlo por las puertas. Por cierto, la primera escena entre Mistral y Dilián, cuando sus personajes se reencuentran tras años sin verse, recuerda la de Sterling Hayden (Johnny Guitar) y Joan Crawford (Vienna) en la famosa película del mismo año de Nicholas Ray, tan a menudo citada o aludida en obras más recientes.

ENSAYO DE UN CRIMEN (1955)

Confundida a menudo con una «comedia» (lo que podría suceder con otras películas de Buñuel), y asociada con excesiva frecuencia a la inequívocamente británica *Kind Hearts and Coronets* (Ocho sentencias de muerte, 1949) de Robert Hamer, con la que no acierto a ver afinidad alguna, ni narrativa ni tonal, me sorprende ver hasta qué punto se suele despachar, con más indulgencia que agrado, una de las películas de Buñuel que yo encuentro más admirables, imaginativas, sorprendentes y logradas, además de ser divertida como pocas; pero ya se sabe que tanto lo cómico como lo amable tienden a ser menospreciados y despachados como intrascendentes y carentes de importancia, sobre todo si proceden de un autor al que se suele considerar corrosivo y provocador.

Ensayo de un crimen narra (por citar su título francés) la vida criminal de Archibaldo de la Cruz, inocente personaje (admirablemente encarnado por Ernesto Alonso) empeñado en sentirse culpable, a lo largo, al parecer, de su vida, de la muerte de cualquier conocida, por haberlo deseado un segundo, o incluso sólo imaginado, por influencia de un cuento infantil sobre una cajita de música que daba a su dueño poder para que se cumpliesen sus deseos y de que una bala perdida, en un episodio de la dilatada Revolución mexicana, segase fortuitamente la vida de la institutriz (Leonor Llausás) que acababa de inventarse ese cuento para entretener al caprichudo Archi. La imagen ensangrentada, con piernas y ligas al descubierto, de la institutriz se le queda grabada para siempre, asociada a la melodía de la cajita, como un elemento erótico y mórbido a la vez. Tal arranque determina la historia hábilmente narrada por Buñuel a partir de la muy notable novela homónima de Rodolfo Usigli, que, leída después de ver la película, resulta no sólo increíblemente buñueliana —como si la hubiese escrito el cineasta— sino, sorprendentemente, mucho más buñueliana todavía, pues casi todos los detalles que parecerían, en la lectura, como más clara y típicamente buñuelianos han sido aligerados o suprimidos con cuidado por Buñuel y Edgardo Ugarte.

No sólo es un relato divertidísimo y paradójicamente inquietante, sino prodigiosamente narrado como una muy surrealista sucesión de *flashbacks* que apenas se notan, y que en realidad sólo se advierten como tales o como sucesos imaginarios a partir de una segunda visión. La película arranca con una voz en *off* (la de Ernesto Alonso, es decir, la que luego se revela de Archibaldo adulto), continúa con Archi hospitalizado contándole a la monja que le sirve de enfermera, Trinidad (Chabela Durán), cosas que ella no quiere oír, siguen luego comentarios de un médico y un juez, y la «confesión» voluntaria a este último por parte de Archibaldo, etc. Las presuntas muertes que Archibaldo se autoatribuye, o planeó o se frustraron, se refieren siempre a mujeres —y eso que queda envuelta en misterio una alusión a su carácter «algo fúnebre» tras la tragedia de su esposa, y que se omite en qué circunstancias pudo morir su complaciente madre—, es decir, la institutriz, la monja Trinidad, Patricia Terrazas (Rita Macedo), Lavinia (Miroslava Stern, actriz que murió antes del estreno de *Ensayo de un crimen*), Carlota Cervantes (Ariadne Walter)...; ni que decir tiene que el juez piensa que Archibaldo de la Cruz, además de un señorito rico y caprichudo, tiene una imaginación calenturienta, y le insiste en que, afortunadamente, «el pensamiento no delinque». Entre tanto, la película nos cuenta la más bien irritada relación de Archibaldo con la impertinente Patricia y su patético «tirano», el celoso Willy (José María Linares-Rivas), así como su fascinación por Lavinia, que da ocasión para una de las más turbadoras escenas y de los más inquietantes planos de toda la filmografía de Buñuel, cuando compra un maniquí copiado de la mujer que luego pierde una pierna al arrastrarlo para quemarlo en su horno de alfarero: vemos cómo el fuego «quema» una imagen con volumen y de tamaño natural de Lavinia, tras deformar, derretir y borrar su rostro; y también el descubrimiento de que, pese a los disimulos de la Sra. Cervantes (Andrea Palma) para ocultarle la verdad, Carlota es la amante del arquitecto Alejandro Ribas (Rodolfo Landa)... pero éste la mata cuando Archibaldo se empieza a plantear si matarla él.

Al final, con un divertido giro, Archibaldo se aleja, en una imagen muy chapliniana, emparejado con Lavinia.

INTERLUDIO FRANCÉS

De los diversos periodos que atravesó Buñuel a lo largo de su carrera, para mí el menos interesante y logrado, dentro de su variedad, ha sido siempre el de sus primeras coproducciones francesas de la segunda mitad de la década de los 50 del siglo XX.

Fueron, sin duda, películas «ambiciosas», de base literaria reciente y más o menos temporalmente prestigiada en Francia, con actores conocidos internacionalmente, rodadas con más dinero, tiempo y medios materiales de los que Buñuel acostumbraba tener a su disposición en México. Dos de ellas, *Cela s'appelle l'aurore* y *La Mort en ce jardin* (Así es la aurora y La muerte en este jardín, respectivamente) tienen títulos abstractos, de resonancia poética; la tercera, *La Fièvre monte à El Pao* (Los ambiciosos), juega con una localización ficticia, para que nadie se dé por aludido y se ofenda.

Cela s'appelle l'aurore (1955/6)

A partir de una novela de Emmanuel Roblès, adaptada por Buñuel con el dialoguista Jean Ferry, y situada en una isla mediterránea francesa nunca nombrada (pero que la presencia de gendarmes hace imposible confundir con otra: se trata, sin duda, de Córcega), a primera vista puede parecer uno de tantos films vagamente «sociales» como se hicieron en los 50, sobre todo en Francia e Italia, que son precisamente las nacionalidades respectivas de las dos productoras que financiaron lo que en España, cuando se estrenó muy tardíamente, se rebautizó como *Así es la aurora*. No es que *Cela s'appelle l'aurore* sea una mala película, simplemente es que no llega a ser muy buena, sin ser tampoco muy típica de Buñuel.

Se nota a Buñuel casi con la ilusión de poder mover la cámara más que de costumbre, de contar para algunos planos con vías de *travelling* y hasta con una grúa. Hay, por ello, algo muy insólito en Buñuel: cierta ostentación, algún alarde técnico, tal vez por afán de replicar a la frecuente acusación —que ya conocemos y para mí incomprensible y asombrosa— de que era un mal técnico y estéticamente muy descuidado. Y tenía ante la cámara a Lucia Bosè, Georges Marchal y otros actores más populares o prestigiosos en Europa y considerados más «presentables» que los mexicanos (en general, muy competentes y adecuados a los personajes) que venía dirigiendo desde hacía un decenio.

Lo más característico de Buñuel es, curiosamente, la *passegiatta* solitaria —por usar el término que puso de moda Antonioni, aunque lo practicara ya antes Rossellini— de la mujer del médico (Nelly Borgeaud) y su encuentro con unos gatitos, con un burro maltratado (mucho antes de *Viridiana*) y con varios niños que juegan a la guerra y a fusilarse. Aunque más subterráneamente, son también muy buñuelianos tanto la admiración y hasta devoción por los médicos (que compartía con John Ford y Pío Baroja) y su fe en las impresiones primeras: desde las miradas que intercambian Marchal y Bosè se sabe que enseguida van a convertirse en pareja duradera.

La Mort en ce jardin (1956)

Aunque algún crítico francés la apreciara en su día, tengo la persistente impresión de que *La Mort en ce jardin* se puede considerar como la peor película de Buñuel. Pese a que el guión esté firmado por el propio Don Luis, por su frecuente colaborador y notable director Luis Alcoriza y por el interesantísimo novelista Raymond Queneau (que está acreditado con Gabriel Arout como autor de los diálogos), sospecho que la raíz del problema pueda hallarse en la novela de José-André Lacour en la que se basa y que, por lo que trasluce la película, no parece muy interesante ni muy original.

No contaba con malos actores: Simone Signoret, Charles Vanel, Georges Marchal, Michel Piccoli, la jovencísima (18 años) Michèle Girardon y Tito Junco principalmente, aunque era la primera vez que, en el sonoro, Buñuel se enfrentaba con un texto en francés e intérpretes predominantemente galos. Tal vez por ello, la película carece por completo de humor y el ritmo de los diálogos es mucho más lento y pesado de lo habitual. Todo suena frío, como si hablasen con poca convicción, tanto los personajes —ninguno de ellos muy simpático, inteligente o lúcido— como sus cohibidos representantes. Curiosamente, todos se hablan a gritos.

Como película de aventuras —lo es si acaso en su tercio final— no es muy original ni precisamente ágil, y políticamente es casi nula, pues no se indica en qué país sucede —salvo que tiene frontera con Brasil, por la lengua podría parecer la Guayana francesa— y cuanto ocurre, malo e injusto, no está nada claro en ningún momento. El personaje de cura a cargo de Michel Piccoli es uno de los menos convincentes, del mismo modo que el de Simone Signoret es puro tópico, el de Marchal se queda en permanente enigma, el de Vanel parece una versión empalidecida de varios que ya llevaba años repitiendo, y el de Michèle Girardon, al parecer sordomuda, tampoco resulta atractivo e interesante, ni siquiera como única superviviente final junto a Marchal.

Todo me hace pensar que, de no saber quién la dirigió, se atribuiría su autoría, como hipótesis, a seis o siete realizadores franceses no muy destacados —cualquiera de los Allégret (Marc o Yves), Henri Decoin, Jean Delannoy, Claude Autant-Lara, Léonide Moguy, Gilles Grangier, Henri Verneuil...—, y nunca se le pasaría a nadie por la cabeza imaginar que Buñuel hubiese tenido algo que ver con ella. Y más vale no compararla con *Appointment in Honduras* (Cita en Honduras, 1953) de Jacques Tourneur.

La Fièvre monte à El Pao (1959)

Aunque no llegue a ser apasionante ni tampoco enormemente personal, es, sin duda, para mi gusto, la mejor de este trío de películas, que no forman nada semejante a una trilogía, aunque sí tengan algunos puntos de contacto entre sí. Para empezar, da la impresión de que la novela de Henri Castillou adaptada por Buñuel con su fiel Luis Alcoriza, y la colaboración adicional de Charles Dorat y el dialoguista Louis Sapin, aportaba ya una historia más dramática y políticamente interesante, a pesar de que la diplomática ambigüedad tan frecuente en este tipo de películas la desdibuje o emborrone bastante: no sabemos si esa isla de Ojeda es la Cuba de Batista, el Santo Domingo de Trujillo, el Haití de Duvalier u otro país, no necesariamente insular, de los varios del continente americano a los que puede recordar la situación que se nos narra, centrada en la capital, El Pao.

Esta «polivalencia» supone una generalización (disimulada como localismo) y, por tanto, una escasa originalidad. Ni siquiera los personajes son muy interesantes por sí mismos, y pese a contar con lo que, sobre el papel, parece «un buen reparto», me temo que tan sólo el personaje menos político, el de Inés Rojas que encarna María Félix, tiene credibilidad, personalidad y fuerza suficiente. El famosísimo, celebrado y usualmente excelente Gérard Philipe, en cambio, no resulta en esta ocasión nada convincente, pues parece desconcertado y como perdido, sin saber qué hacer, incluso en medida exagerada con respecto al poco decidido personaje de Ramón Vásquez, secretario del gobernador Mariano Vargas (Miguel Ángel Ferriz) y enamorado de su mujer, Inés. Y un actor casi siempre excelente y sobriamente amenazador e inquietante como Jean Servais, que encarna al nuevo gobernador Alejandro Gual, resulta aquí un villano tan caricaturesco que, pese a sus esfuerzos, no consigue ser realmente ominoso.

Es gracias a la actriz que el personaje de María Félix parece ganarse en mayor medida el interés y la simpatía de Buñuel. Incluso tiene a su cargo la mejor (y más irónica) frase de toda la película, cuando le dice a uno de sus amantes, el petulante teniente García (Raúl Dantés), que se parece tanto a su marido que no tiene la sensación de engañar a éste. Pese a ser una película convencionalmente «bien hecha» (Gabriel Figueroa como director de fotografía, música de Paul Misraki), por momentos brillante y en general entretenida, le tienta a uno a imaginar lo que hubiera ganado desarrollando ese personaje, convirtiendo a Inés Rojas en la protagonista y narrando todas las intrigas políticas desde el punto de vista nada iluso, ya totalmente desencantado, de esta mujer del gobernador Vargas convertida en viuda por un tirador oculto en medio de un discurso, y que se siente más o menos atraída —tampoco muy decididamente— por su secretario Vásquez, tímidamente reformista frente al nuevo Gobernador que interpreta Servais, nombrado por el presidente Carlos Barreiro (Andrés Soler).

NAZARÍN (1958/9)

De las películas más famosas de Buñuel, tanto por estar inspirada por una novela de Pérez Galdós como por haber declarado el cineasta, un poco como Gustave Flaubert acerca de Madame Bovary, que él era Nazarín, es, sin duda, también la más sencilla y lineal, sin ningún *flashback* ni la menor complejidad estructural. El primer tercio aproximadamente tiene lugar, en la transposición urdida por Buñuel con Julio Alejandro, en los feos y miserables interiores de un mesón de la capital mexicana, frecuentado por pobres y prostitutas de aspecto solanesco, y donde los superiores eclesiásticos del padre Nazario insisten en que no debe morar, pues devalúa y desprestigia la imagen de dignidad del sacerdocio. Después de un escándalo en el que se ve envuelto por un fuego que quema el hostal barriobajero, en un ambiente y con unas figuras que ya hemos entrevisto en *Los olvidados* o *El bruto*, y ya sin ninguna posesión material, ni siquiera un sarape, decide irse a peregrinar andando por campos y caminos. Como se ve desde la escena inicial de la película, y todas las siguientes van confirmando y ratificando, el bienintencionado cura es una auténtica calamidad. No sólo es poco diplomático y excesivamente radical en su ilusa ambición de imitar a Cristo y a los primeros apóstoles, en su tendencia a ejercer sin medida ni límite la caridad y a aguantar golpes, insultos, hambre y humillaciones, sino que, por si no fuera bastante, tiene muy mala suerte y atrae a los desdichados, sobre todo a mujeres de escasa reputación y abundantes problemas. Y, pese a no faltarle motivos para el desánimo, es tan cabezota y obstinado que cada fracaso le impulsa a insistir, a falta de entusiasmo, con mayor resignación, esfuerzo y entrega.

Sin ser un cántico a Nazarín, ni una apología de su fracaso en toda la línea, puede asombrar que se note en toda la película la admiración, no expresada verbalmente, que siente Buñuel por este desastre de cura, al que para colmo se le cuelgan dos bastante patéticas discípulas o seguidoras, Andara (Rita Macedo) y la relativamente más sobria y presentable (aunque propensa a ataques de histeria) Beatriz (Marga López, a quien encuentro cierto parecido con la Margarita Lozano de *Viridiana*). Sobre los milagros que ellas y otros habitantes de los lugares que cruzan le piden encarecidamente a Nazarín, la película (y por tanto Buñuel) no se pronuncia, aunque parece que sus devotas no pierden la fe en él o en su capacidad de interceder para curaciones de gravísimas epidemias.

Fuera de esas posibles pero improbables curaciones milagrosas, en todo lo demás Nazarín resulta persistentemente ineficaz, casi siempre a regañadientes y por pena o para que lo dejen en paz. Cuando intenta trabajar, prácticamente por nada, los otros peones le conminan a irse, porque con su resignación hará que les paguen menos o que pierdan su empleo. Alguna denuncia pendiente le hace seguir camino, pero ya no libremente o al azar de la fortuna ni solitario, sino rumbo a algún presidio y en una cuerda de presos, en buena parte hostiles. Mientras el conmovedor enano Ujo (Jesús Fernández) sigue amorosamente a Andara, Beatriz (empujada por su madre) se entrega finalmente al despectivo Pinto (Noé Murayama), y Nazarín sigue escoltado por un agente no uniformado, cada vez más perdido en una especie de sonambulismo sugerido por los redobles de los tambores de Calanda cuando finalmente acepta una piña que le entrega como limosna una mujer y que un minuto antes rechazaba con un silencio y una inmovilidad catatónica.

THE YOUNG ONE/LA JOVEN (1960)

Tengo la impresión de que esta extraña coproducción (no sé si oficial: sólo figuran Valiant Films, Olmec Productions y George P. Werker como productor) más estadounidense que mexicana (sólo Claudio Brook de todo el reparto es de esa nacionalidad, aunque hable en inglés como corresponde a su personaje) es una de las obras menos conocidas de Buñuel, a pesar de parecerme que está entre las más maduras y logradas. Es posible que, pese a ser un film de lengua inglesa, apenas se haya visto en Estados Unidos, por los temas que trata, algunas de las palabras que en él se pronuncian, su aire de serie B y su reparto: Zachary Scott nunca fue una gran estrella, y en todo caso ya en 1960 estaba relegado a papeles secundarios, de los que nunca ascendieron Bernie Hamilton o Graham Denton, y aunque estuvo muy bien la jovencísima Key Meersman (que, en más joven, es un poco del mismo tipo que Carole Bouquet en *Cet obscur objet du désir*) y luego nada mal en *L'isola di Arturo* (La isla de Arturo, 1962) de Damiano Damiani, parece que no quiso dedicarse a ser actriz; Claudio Brook, pese a su apellido, también sería un desconocido para el público americano.

Pero *The Young One* (o *La joven*) es una película que puede compararse, y con ventaja, a cualquier muestra del clasicismo americano de esos años. De toda la carrera de Buñuel, es una de las películas más serenas y al mismo tiempo más tensas, más puramente dramáticas. El guión es suyo y de «H.B. Addis» según los títulos de crédito, pero ese desconocido era en realidad Hugo Butler, exiliado en México al ser incluido en la lista negra perseguida por el senador Joseph McCarthy. Es un poco una obra de cámara, con cinco personajes visibles y escrutados atentamente y con imparcialidad durante unos pocos días, aislados en una isla habitualmente casi desierta, y a la que, al tiempo que resulta haberse muerto el más viejo de sus moradores, Peewee o Grampa —para Evalyn o Evie, es su abuelo—, llega huyendo desde el continente (un lugar no nombrado del Sur profundo de los Estados Unidos), en una barca con motor fuera borda, Traver, un clarinetista negro herido y perseguido por la acusación de haber violado a una mujer blanca. El guarda de la isla (un coto de caza) es Hap Miller, que acaba de percatarse de que la nieta del viejo ha dejado de ser una niña y empieza a sentirse turbado por su presencia. Mientras Miller ha ido a comprar provisiones es cuando Evie se topa con Traver, que le cae simpático y al que trata de ayudar, le presta o da comida y cosas que necesita, y a la que el músico paga con un billete de veinte dólares.

La película se desarrolla con una encomiable sensación de tranquilidad que a mí me recuerda a la de algunas de Jean Renoir, como *The Southerner* (1945), con Zachary Scott en un papel muy distinto; hasta las escenas de acción están filmadas con neutralidad, sin agregarles violencia estilística ni aceleración rítmica a través del montaje. Con un medido e inteligente empleo de la música, habitual en Buñuel cuando no renuncia a utilizarla, y una fotografía tan sobria como excelente de Gabriel Figueroa, creo que es, en todos los sentidos, una de las más perfectas y redondas creaciones de Buñuel, pese a no ser de las más humorísticas y no tener ningún plano de aire surrealista; quizá por eso algunos no la reconocen como típica de su autor.

Sin retórica, Buñuel muestra la actitud de los personajes en lo que dicen, y sobre todo en lo que hacen, a veces más revelador e incluso contradictorio. Otra cosa que, sin embargo, ha perjudicado a la reputación de esta película es que el público suele esquematizar o generalizar las cuestiones (básicamente morales, a fin de cuenta) que plantea. Por ejemplo, hay espectadores y críticos que hablan de abuso de menores, pero otros pretenden que hay pedofilia, cuando lo que sucede es más simple y Buñuel lo muestra transparentemente: Evie ha vivido muchos de sus contados años al cuidado de su abuelo, en una isla casi sin otra gente; Miller ayudaba al viejo y supongo que echaría un ojo a la niña. Al morir Peewee, se fija en lo desgreñada y sucia que está, le dice que se lave la cabeza, se peine y se cepille la melena, y de repente advierte que tiene ya incipientes formas de mujer. Automáticamente, empieza a encontrarle atractivo, la mira con agrado y complacencia, al mismo tiempo que con mala conciencia; algo le dice que no debe hacer lo que ya siente como tentación. Cuando finalmente cede, abusa de la inocencia e ignorancia de Evie, a la vez que es consciente de que nadie debe notarlo, ni ella ni él mencionarlo. Pero eso no es pedofilia ni el muy escasamente ejemplar personaje de Miller es un pedófilo. Tampoco es que sea un supremacista blanco, simplemente, como dice Jackson, el barquero que comunica la isla con el continente, no considera humanos a los negros, ha aprendido de su entorno, desde que nació, que son distintos, que son raros, que no son de fiar. No los ha tratado, no los conoce, no los entiende, y por tanto es fácil que les tenga miedo. La educación de Miller será la misma, según todos los datos, mientras que Evie es inocente de tales prejuicios, y por eso le cae bien Traver y responde rítmicamente cuando el clarinete toca jazz. Traver es un ser que sabe lo que le puede pasar a cualquier negro si un pueblo o un barrio blanco le persigue cuando le han atribuido una violación, y por eso procura tener un arma y estar en condiciones de ocultarse o defenderse. Pero su protesta de inocencia es perfectamente creíble, y la cree de inmediato el reverendo (Claudio Brook), pese a que, aun siendo teóricamente no racista («todos somos hijos de Dios»), en el fondo reacciona con hábitos que sí lo delatan como tal (hace dar la vuelta al colchón en que durmió el músico negro).

The Young One es por tanto, una película profunda e inteligente, que no cae en demagogias de ningún tipo. Es una pena que, por ser realmente puro cine americano, a menudo se la considere como una especie de rareza marginal, cuando a mi entender se podría incluir a Buñuel, por sus dos maravillas rodadas en inglés, entre los grandes del cine americano. Merecería, como Jean Renoir y Max Ophüls, que tampoco hicieron muchos films americanos, un mejor puesto que su clasificación como *fringe benefits* y una nota textual no muy perceptiva en el famoso e influyente *The American Cinema* de Andrew Sarris (Doubleday, 1969).

VIRIDIANA (1961)

La blasfemia, me parece, está al alcance de cualquiera, hasta del más ignorante, y muchas veces se suelta alguna por mala educación, por malhumor, o por costumbre, sin que realmente signifique nada. Por eso, carece de interés. Para hallar blasfemias en una obra de arte, es necesario sentirse solidario de lo presuntamente ofendido. Para un ateo, un no creyente, o quien ni se plantea la cuestión, la blasfemia no puede existir. El que elogia *Viridiana* o cualquier objeto artístico por su supuesta condición blasfema está obedeciendo a una moda (más bien estúpida); el que ataca *Viridiana* por ser blasfematoria, o bien cree, pero no está muy seguro de qué, o no cree, pero tiene interés en aparentar que sí, o ya se ocupa de él la película.

No puedo creer que el objetivo, el sentido, el fin o el significado de *Viridiana* sea el que algunos de sus detractores más acérrimos o sus apologistas (en esto, sospechosamente, de pleno acuerdo) se obstinan en atribuirle, limitando así su alcance y su posible virtud o su posible agresión. No sé (no es de mi competencia, y no me importa) si *Viridiana* es blasfema, ni sabría decir si poco o mucho. Pero sí sé que es una película, y no una blasfemia. Las (supuestas) intenciones de Buñuel me importan tan poco como (a veces) sus declaraciones, en especial cuando no quiere contestar o responde lo que cree que espera el entrevistador, o quiere ahorrarse llevarle la contraria. Por lo demás, yo creo que *la obra habla*, y si la «política de los autores» en la que ya nadie cree pero todo el mundo aplica (incluso a los que, sean lo que fueran, no son autores) sirve para algo es para no olvidar sus otros films y usarlos como focos que iluminen la cara oculta de cada nueva película. En este caso, por delante tenemos *Nazarín*, por detrás *Simón del desierto*, *La Voie Lactée* y *Tristana*.

A mí me cuesta creer que alguien vaya a dedicarse a hacer una película para blasfemar: hay maneras más cómodas, rápidas y baratas. Que Buñuel es (a veces) feroz, cáustico, sarcástico, irónico, antifarisaico, anarquista, un tanto escéptico, más bien pesimista que optimista, es, en alguna medida, cierto, y lo sabemos desde hace mucho tiempo: ya lo dejaron sentado *Un chien andalou* y *L'Âge d'Or*; pero Buñuel se ha movido desde entonces, y por tanto nada nos autoriza a seguir inmóviles allí, atascados hacia 1930. Demos, pues, un paso, acerquémonos a su obra y examinémosla. Se ha dicho o insinuado, como censura o elogio, que Buñuel era una especie de ogro cruel y despiadado, despectivo y furioso. Se dice que odia o al menos desprecia a sus personajes. Cualquiera que lo crea pensaría que era sadomasoquista, que disfrutaba haciendo sufrir a la «gente honesta» y que goza al no mostrar más seres que los que detesta y le repugnan. Es una descripción demasiado esquemática de Buñuel y la encuentro tan inexacta e imprecisa como insultante y difamatoria, puesto que equivale a pensar que era un autor simplista de burdos panfletos maniqueos, anticlericales y antiburgueses; por eso, se le suele «analizar» en términos de contenido, de lo que antaño se llamaba «fondo», ya que, se dice, formalmente era muy descuidado, no se sabe si por pereza o por torpeza. Ahora, tomemos *El gran calavera, Los olvidados, El bruto, Robinson Crusoe, Él, Ensayo de un crimen, Nazarín, The Young One,* hasta llegar a *Viridiana,* y encontraremos una serie de personajes muy variados (hombres y mujeres, ricos y pobres, religiosos o laicos) de los que Buñuel, evidentemente (pero en parte, sin ceguera alguna), parece a veces sentirse cerca (casi nunca tanto como para identificarse con ellos). Dijo una vez, como vimos, «Yo soy Nazarín», y se nota que Buñuel, aunque sea un personaje que fracasa casi siempre, siente admiración y simpatía por él, precisamente un cura voluntarioso pero mal visto y con escasa fortuna a ojos de sus superiores. Con posterioridad a *Viridiana* tenemos el ejemplo del Don Lope de *Tristana*: lo que realmente hace Buñuel es mirar a sus personajes con curiosidad, casi siempre con una *objetividad implacable*, en el mejor de los casos con una suerte de *solidaridad alerta*, o momentáneamente, con una *complicidad condicional.* Quiero decir que Buñuel ve (y acepta como creador) *todo* lo que es el personaje, lo bueno y lo malo que, *para Buñuel,* hay en él, tanto en sus ideas como en su comportamiento: comparte lo que de él proviene y en su personaje reconoce como propio —de ahí una proximidad socarrona y tácitamente aprobatoria, cercana a Valle-Inclán o Pío Baroja—, pero se distancia del personaje —por mucho afecto y parentesco que tenga— en el momento en que su conducta deja de ser moralmente digna a sus ojos: Don Lope tras la elipsis que omite la ausencia de Tristana; Célestine (Jeanne Moreau) en *Le Journal d'une femme de chambre* cuando se casa y se integra en la pequeña burguesía; cualquiera que pacta con la reacción, por parecido a Buñuel que antes haya sido o nos haya parecido, y por admirable que fuese en otro tiempo antes su actitud. Por el contrario, la obstinación (incluso demente), el no hacer concesiones, la fidelidad a sí mismos de personajes tan distantes o de ideas y creencias ajenas a las suyas como el padre Nazario o el anacoreta Simón merecen, en tanto que hombres honrados, la admiración de Buñuel. Es más, cuando en un personaje tocado de locura (Francisco Galván en *Él*; los protagonistas de *Abismos de pasión*; Archibaldo de la Cruz en *Ensayo de un crimen*) Buñuel proyecta alguna de sus obsesiones, cuando reconoce en él un Buñuel posible, traba con la película una relación ambigua (hecha a la vez de responsabilidad y de compromiso con su personaje, que le concierne) y de ironía distanciadora (tal vez defensiva, autocrítica o debida a un sentimiento de alivio por no haber llegado a tal extremo).

En general, la actitud de Buñuel hacia sus personajes no es teórica ni apriorística. No se ciega —ni nos ciega— frente a sus errores, deficiencias, debilidades o manías, pero tampoco a su intransigencia, su valentía o su justificación. Los acepta y muestra tal como son, sin maquillarlos ni embellecerlos, a veces caricaturizándolos. Ejemplos claros de este estado intermedio serían Miller (Zachary Scott) en *The Young One*, Don Jaime (Fernando Rey) y Jorge (Francisco Rabal) en *Viridiana* o Célestine (Jeanne Moreau) en *Le Journal d'une femme de chambre*, y múltiples secundarios en casi toda su filmografía.

Por ser el sonado regreso a España de Buñuel, *Viridiana* es, lógicamente, su película más afirmativamente «española», y por ello quizá un poco exageradamente «buñuelesca»: en ella se dan cita todos los rasgos más aparentes —si no superficiales— con que se ha construido y divulgado su imagen (lo que, en sus muchos imitadores, calificaría de «buñueladas»). Un poco lo que encuentro en *The Servant* (El sirviente, 1963) con respecto a Joseph Losey o en *Tystnaden* (El silencio, 1963) con respecto a Ingmar Bergman. A mí me resulta un poco molesta la sensación de que con *Viridiana* se nos ofrece un compendio de Buñuel que permitiría prescindir del resto de su obra, un poco una versión a lo *Reader's Digest* (si es que alguien sabe aún lo que esto significaba).

Por eso, aun siendo muy notable e interesante, no me parece una gran película, y menos aún, pese a que su fama la haga pasar por tal cosa, la mejor de Buñuel ni la mejor de todo el cine español de todos los tiempos. De hecho, temo que sea responsable de la imagen dominante de Buñuel que, desde 1961, circula por el mundo. Es como si Goya se viese reducido a los *Caprichos*, o a las Pinturas negras, o a los tapices, a cualquiera de esos grupos, olvidando los retratos. Y quizá, entre otras cosas, porque es una de las películas que menos me sorprenden, y que más se corresponden, en cambio, con la visión más tópica de Buñuel. Escoger *Viridiana* como lo mejor o lo más representativo de toda su filmografía me parece un error inducido por una suerte de perspectiva «de exportación» semejante a las sucesivas visiones tópicas de España que ha dado a menudo el cine, tanto español como extranjero.

Vi *Viridiana* por primera vez, cuando estaba todavía prohibida, en París, y me decepcionó relativamente en varios aspectos y por motivos diversos, que muchos años y muchas visiones más tarde, sigo encontrando. Algunos pueden parecer motivos o reservas sin gran importancia, como, por ejemplo, que tenga una planificación diferente de la habitual, mucho más insistente y enfática, con una injustificada abundancia de planos de pies que me chocó la primera vez y me sigue chocando hoy. Otros, aunque puede que sólo los note yo, inducirían una visión totalmente misantrópica de la existencia: todos los mendigos y tullidos que acoge Viridiana son una cuadrilla singularmente antipática y carente de la menor gracia, como si quisiera superar a Gutiérrez Solana; y centrándonos en los personajes centrales, diríamos que los más positivos son, como mucho y en el mejor de los casos, neutros: Ramona (Margarita Lozano) y su niña Rita (Teresa Rabal), porque ni Viridiana (Silvia Pinal) ni Jorge (Francisco Rabal) ni Don Jaime (Fernando Rey) inspiran ninguna simpatía. Argumentalmente tampoco es una historia muy interesante, y, cosa infrecuentísima, ni siquiera está muy bien estructurada: el primer tercio se centra en Don Jaime, y el resto más bien en Jorge (con muy poco papel de Viridiana) tras la ruidosa y chillona escena de la cena de los mendigos que está cerrada en sí misma y parece un añadido de última hora, se diría que es una «morcilla» metida con calzador.

Naturalmente, los actores están muy bien escogidos y dirigidos, y suelen conservar la sobriedad (en especial Margarita Lozano); hay escenas muy logradas como ese mudo comentario sobre la inutilidad de las buenas acciones individuales para resolver los problemas colectivos y generales (cuando Jorge compra el perro Canelo a un carretero, tan semejante al fracaso de Viridiana con respecto a los mendigos). Pero, y bien que lo siento, encuentro que *Viridiana* es un bache relativo (pero bastante pronunciado) entre *The Young One* y *El ángel exterminador.*

EL ÁNGEL EXTERMINADOR (1962)

Llevo muchos años dudando entre *Él* y *El ángel exterminador*, pero sigo sin decidirme acerca de cuál es, para mí, la máxima creación de Buñuel. Tengo claro, eso sí, que ninguna otra de las bastante numerosas que admiro enormemente llega a esas dos cumbres, ambas mexicanas y las dos separadas por casi una década. Es muy posible que *Él* sea la obra maestra de Buñuel como cineasta clásico y en cambio *El ángel exterminador* lo sea entre lo que podría considerarse cine moderno, aunque tenga ya casi 63 años, más bien *cine aparte* o cine marginal.

El ángel exterminador no es un film narrativo, ni apenas contable. Su trama se resume en una frase, que a su vez es inexplicable, un misterio. Trata de una serie de conocidos de alto nivel socio-económico —amigos sería mucho decir, parecería excesivo— que, tras la ópera, se reúnen a cenar en la lujosa mansión de uno de ellos, sita en el 1109 de la Calle de la Providencia. Ya a los espectadores les habrá llamado la atención cierto aire furtivo del servicio, que poco a poco, temeroso y con premura, emprende la fuga, desertando a sus señores, los Nobile. Hay también algún que otro detalle menor levemente anómalo (un gesto o una frase repetida), una cierta sensación de vacío, algún tropiezo inoportuno. Pese a la marcha de los únicos criados que todavía quedaban, el mayordomo Julio (Claudio Brook) consigue bastarse para que la cena concluya felizmente y los invitados se sumerjan en una grata sobremesa. Es ya muy tarde, sin embargo, y algunos anuncian su partida e incluso se despiden, tienen que madrugar y faltan pocas horas para el día. Pero no se van. Nadie se va, ni siquiera sale del muy vasto salón en que se encuentran, aunque nada se lo impida. Cada vez que hacen un amago, algo les distrae o retiene, aunque sólo unos pocos observan que otros no son capaces de sobrepasar el umbral de la habitación contigua, sin advertir que ellos tampoco consiguen salir. Poco a poco son más los que se preguntan el porqué, como un año más tarde sucede a los habitantes de Bodega Bay en *The Birds* (Los pájaros, 1963) de Alfred Hitchcock ante los crecientes ataques de diferentes bandadas de pájaros. En ambos casos, algunos sugieren diversas hipótesis, sin que el curso de ninguna de las dos películas avale esas tentativas de explicación ni resuelva el inquietante enigma. Y tanto *El ángel exterminador* como *The Birds* acaban sin esclarecer el misterio, dejándonos colgados de una situación que tiende a repetirse, probablemente agravada o generalizada.

Como es frecuente en el cine de Buñuel, este encierro invisible da ocasión a una serie de comportamientos, conductas, incidentes varios, contrarios a cualquier etiqueta de la buena sociedad, o de la más simple corrección, y que se agudizan o agravan con el cansancio al prolongarse la situación más allá del día siguiente a la cena, por un número indeterminado de jornadas (no sabremos cuántas exactamente, pues la película tiene su propio tiempo interno e indefinido), en las que pronto cunden la incomodidad y el cansancio, el calor o el frío, la sed y el hambre, la irritación y las viejas rencillas o rivalidades, el aburrimiento y la claustrofobia, la falta de intimidad y la impaciencia, la repetición y la desesperación, la histeria y la agresividad. Hay conatos de linchamiento, cuando alguien culpa de lo que sucede al pobre Edmundo Nobile. El comportamiento histérico de alguno de los «prisioneros» agota la paciencia de otros, y la falta de medicinas, alimentos y agua empeora la salud de los más delicados, mientras que en el exterior de la mansión, a una cierta distancia —pues tampoco nadie se atreve a entrar—, una muchedumbre de curiosos espera que alguien haga algo o al menos dé alguna explicación, en vano. Dentro de la casa, reducida a un salón amplio, hay suciedad, malos olores, enfermedad, muerte, grosería, suicidios, amor, rencillas, piques, violencia al menos latente. Los inesperados «náufragos» van sugiriendo hipótesis más o menos inverosímiles, y nunca confirmadas, sobre las causas de su incomprensible encierro o buscan un «cabeza de turco» al que culpar de su inexplicable incapacidad para salir de allí, hasta que por fin una de las invitadas, la «Valkiria» (Silvia Pinal), cae en que están en una situación espacial y de actividades casi idéntica a un momento de la primera noche, tras la cena, y se ponen a recomponerla, y de pronto consiguen salir, naturalmente, sin ningún obstáculo. Pasamos a un Te Deum en acción de gracias. Pero los sacerdotes no logran salir de la iglesia y tampoco los numerosos fieles que la abarrotan. Cuando la película termina, todo vuelve a empezar, aunque con carácter más grave, más general y multitudinario.

La película queda, así, abierta a casi todas las interpretaciones que puedan imaginarse, dejando a cada espectador en libertad para elegir causas y explicaciones, sin imponerle un significado concreto. Cabe imaginar varias posibilidades de lectura acerca de los sucesos enigmáticos a los que venimos de asistir:

a) Metafórica: toda la película sería una fábula, un símbolo de algo más amplio, una alegoría social sobre la alta burguesía, aprisionada por las normas de todo tipo, lo cual parece confirmado por la deserción, antes de la sobremesa, de todos los criados menos el mayordomo, que representa un estado intermedio entre sirvientes y señores (como mostraría Buñuel poco después en *Le Journal d'une femme de chambre*).

b) Psicológica: es sabido que en una multitud la voluntad individual se debilita. El cine, desde *Fury* (Furia, 1936) de Fritz Lang a *The Chase* (La jauría humana, 1966) de Arthur Penn, ha mostrado con cierta frecuencia que una muchedumbre desatada comete acciones que casi ninguno de sus miembros sería capaz de llevar a cabo aisladamente. Aquí ocurre lo contrario, es su corolario: nadie hace nada. La masa permanece abúlica, los tímidos intentos de fuga son individuales y por tanto inútiles. Sólo al final, cuando todos se esfuerzan por recomponer la escena, logran superar la inercia y pueden salir de su encierro. Es una interpretación plausible, y compatible con la anterior, pero tampoco resulta del todo satisfactoria.

c) Bromista: en principio (alusión al cambio del «orden natural del menú», «como en el teatro: ahí llega», caída del camarero, osezno y corderos), todo podría ser una (extraña) broma de los Nobile, pero pronto se ve que no. Cabe la actitud simplista (aunque no plenamente carente de fundamento, dado el frecuente humorismo de Buñuel) de afirmar que la película es una broma del director, pero no es una novedad que muchos autores disfracen de farsas o caricaturas sus obras más serias.

d) Mágica: dado que el encierro se produce de forma inesperada, ilógica y extraña, pero justo tras cruzarse saludos un par de masones y una espiritista mostrarnos, al sacar un pañuelo, las «claves de la cábala para abrir las puertas de lo desconocido» (patas de pollo, plumas), cabe imaginar que es un film sobre la magia, el esoterismo y otras creencias, aunque lo cierto es que todas las invocaciones (también las cristianas) se revelan ineficaces, y que sólo logran salir cuando los cuerpos de unas veinte personas se colocan en las mismas relaciones espaciales que cuando se produjo la extraña «parálisis mental»; es una hipótesis que se remite a sí misma y no permite avanzar nada con un mínimo de certidumbre.

e) Cinematográfica: es, a fin de cuentas, la más sencilla, siendo el creador el que decide todo en la obra, es más que lícito y hasta obvio pensar que si esos burgueses se quedan, sin causa física, psíquica o material, aprisionados, ello se debe a que Buñuel no les deja salir. Del mismo modo, si al final lo consiguen, de forma un tanto arbitraria, es porque Buñuel quiere que salgan, con el fin de llevarlos a la iglesia y allí encerrarlos de nuevo, y con mucha más gente, y así generalizar, hasta universalizarlo, el misterio: no es ahora un grupo amplio de burgueses acomodados, sino gente más numerosa y de todos los niveles sociales; además, la multitud que está fuera ya no permanece quieta, pasivamente curiosa, sino que intenta penetrar a la fuerza en el templo, siendo violentamente dispersada por la policía.

Si se agrega esta quinta explicación a las cuatro anteriores, la película de Buñuel parece clara y comprensible. Para justificar la pertinencia de esta quinta hipótesis bastará con observar las profundas concomitancias existentes entre *El ángel exterminador* y otros dos films-frontera cercanos en el tiempo, otras dos obras capitales de la década de los 60 del siglo XX, la ya mencionada *The Birds* y *Persona* de Ingmar Bergman. Como en la de Hitchcock, en la película de Buñuel tenemos unos personajes de posición social elevada y desahogada, que se disponen a pasarlo bien (fin de semana en el campo, cena), cuando sucede algo catastrófico e inexplicable (ataques de los pájaros, encierro). En ambos casos, hay múltiples personajes que sugieren causas o motivos no seguros, pero acaban por escoger a un culpable: Melanie Daniels (Tippi Hedren) o Eduardo Nobile (Enrique Rambal). Al final, momentáneamente, los protagonistas escapan y la película se acaba de forma abierta y amenazadoramente generalizada (los pájaros, cada vez más, se reagrupan para atacar de nuevo; en la iglesia, se quedan encerrados todos los asistentes). En *Persona* hay un desdoblamiento-identificación (según se mire) de las protagonistas, una actriz (Liv Ullmann) y una enfermera (Bibi Andersson), y no son los personajes, sino la película misma, la que plantea hipótesis y explicaciones que inmediatamente se anulan por contradictorias, sin que al final se haya aclarado o resuelto nada: la película se quiebra. Son tres ilustres ejemplares de un cine «fantástico-onírico» de difícil adscripción a ningún género conocido, a menudo objeto de polémicas y debates, y de los cuales el que parece más sencillo (*The Birds*) resulta ser, en el fondo, el más misterioso, mientras que el que parece más oscuro (*Persona*) nos da la clave de los tres: estas películas son simplemente eso, películas, cine; y no creo que sea casualidad que la más explícita sea la más tardía de las tres, y la que abiertamente se proclama, desde sus primeras a sus últimas imágenes, como cine, como película frágil y vulnerable.

De otro modo que *Persona*, *El ángel exterminador* es también un film que no pregona ni defiende ni afirma ni explica nada, sino que se interroga a sí mismo y a cada espectador, proponiendo sin mucha convicción diversos pero compatibles o al menos conciliables niveles de lectura, y que hace pensar y tomar inseguras decisiones tentativas al respecto. Buñuel ha decidido, simplemente, que los esposos Nobile y sus dieciocho invitados, más un mayordomo educado con los jesuitas, se queden encerrados y aislados del resto del mundo por muros invisibles e inexistentes, entre otras cosas para estudiar, con su frecuente curiosidad entomológica, su comportamiento en una situación inesperada, insólita e incomprensible (una versión temporalmente abreviada, pero con más afectados, de *Robinson Crusoe* y *The Young One*).

La claridad y sencillez de Buñuel, su habilidad para mover a los actores (casi todo el rato se tiene que ocupar de veintiuno, casi siempre con diez en el encuadre) en un espacio único y limitado, su imaginación y su sentido del ritmo hacen que este film «feo» (muy bien fotografiado por Gabriel Figueroa) y casi sin música, no tenga nada de teatral (pese a su lejano origen escénico y a respetar casi religiosamente la regla de las tres unidades) y sea la obra más audaz, intrigante y divertida de su autor.

Sería también, de habérselo propuesto, un modelo para crear cine de ciencia-ficción o fantástico lo mismo que para abordar análisis realistas de conducta con un espacio y un decorado únicos, y con la posibilidad de rodar en muy poco tiempo una película de metraje normal.

Le Journal d'une femme de chambre (1963/4)

De las bastante numerosas adaptaciones cinematográficas de la novela de Octave Mirbeau, la de Buñuel, *Le Journal d'une femme de chambre*, no es, probablemente, la mejor versión de ese *Diario de una camarera* —para mí, es muy superior la narrativa e interpretativamente más atrevida y más alejada del naturalismo que filmó Jean Renoir en Estados Unidos, *The Diary of a Chambermaid* (1945)—, ni quizá la más fiel a la novela, sino a las partes de ella que Buñuel encontró más interesantes.

Aunque Don Luis nunca lo admitiese explícitamente, parece verosímil y hasta probable que se tratase de un proyecto no sugerido por él, sino propuesto por los productores y aceptado, a cambio de libertad para hacer cambios. Nada en la novela, de corte más bien naturalista, sugiere que pudiera apasionar a Buñuel, al menos anticipadamente. Por otra parte, se podría pensar que quizá tuvo la tentación de demostrar que los que aún le tenían por un mal técnico o un realizador descuidado estaban muy equivocados o eran muy malintencionados, y que él era capaz, por el contrario, de hacer una película tan francesa e impecable como la que más, con Jeanne Moreau, Michel Piccoli, Georges Géret y actores secundarios eficientes (Muni, Jean

Ozenne, Bernard Musson, Daniel Ivernel, Gilberte Géniat, Françoise Lugagne) y habituales en el cine comercial (pero «de calidad» y cierto «nivel» cultural, es decir, literario) que se solía (y aún se suele) practicar en Francia desde los tiempos del mudo, pero que, precisamente en 1964, parecía ya un tanto desprestigiado, anticuado y puesto en tela de juicio por la pujante *Nouvelle Vague* (ese año Jean-Luc Godard había hecho *Bande à part* y *Une femme mariée*, François Truffaut *La Peau douce*, Jacques Demy *Les Parapluies de Cherbourg*).

Por ello, o tal vez por pura casualidad, se puede considerar su *Diario de una camarera* como la pieza artesanalmente más perfecta, como producto industrial, de toda la filmografía de Buñuel, además de la más patente e inconfundiblemente francesa, aunque quizá tales presuntas virtudes tengan como contrapartida un coste relativo: a mi modo de ver, se trata de la película más distante, más indiferente con respecto a sus personajes, más fría.

De hecho, es evidente al ver la película, y Buñuel lo ha confirmado años después en una entrevista, que no le cae bien ninguno de los principales personajes, ni siquiera el de la doncella Célestine (encarnada por Jeanne Moreau), a la que inicialmente mira con cierta simpatía, y a través de la cual nos va mostrando a los demás desde una actitud pasiva, pero de la que se aleja precisamente cuando actúa. También es obvio que, como a ella, a Buñuel le repugna el criado Joseph (Géret), sin gustarle lo más mínimo ni los señores a los que ambos prestan servicio ni sus vecinos. Esta distancia, y hasta un grado variable de asco, llevó a

Buñuel a extremar la prudencia y rehuir el exceso en la caricatura. Es por ello su película más pulcra y cuidada, estructuralmente de las más pulidas y fluidas, sin duda, pero también la más académica y más «moderada», más «limada» y sin aristas, además de estar prácticamente desprovista de humor. No hay sátira ni apenas ironía, no se subraya lo grotesco. Yo aconsejaría compararla con *Susana*.

Por supuesto, hay planos que llevan la firma de Buñuel, pero son menos que de costumbre (es su primera y única película en Scope) y, al quedar amortiguados y más aislados, llaman la atención sobre su relativa ausencia. En cambio, esas conductas de ciertos personajes que rompen las reglas de urbanidad y hasta del mínimo de educación, tan características del cine de Buñuel, aquí parecen suavizadas hasta el punto de resultar casi banales, como que Rabour, el padre de la señora Monteil, abra un armario en su despacho y veamos que está repleto de pares de zapatos de mujer, que pretende que sus sucesivas camareras (a las que se empeña en rellamar «Marie») se pongan en determinadas ocasiones.

Primera obra de Buñuel producida por Serge Silberman y primera de sus colaboraciones con el guionista Jean-Claude Carrière, *Le Journal...* es, a pesar de ciertas limitaciones, una excelente película, en la que quizá se sintió menos comprometido e implicado personalmente, y con la que tal vez desease asegurarse trabajo en libertad y bien retribuido para lo que ya vislumbraba como su etapa final.

FINAL DEL PERIODO MEXICANO

Simón del desierto (1964/5)

Es una verdadera lástima, para empezar, que dificultades no muy concretadas, tal vez económicas, quizá un arrechucho de salud de Buñuel, dejasen su largometraje dedicado a la singular y excéntrica figura de Simón el estilita reducido a la duración por entonces aún considerada como un mediometraje, carente del desarrollo previsto. Y es comprensible, pero no menos lamentable, que finalmente nadie se decidiera, entre varios cineastas tanteados o tentados por el productor Gustavo Alatriste, a rodar otro film breve que, sumado al de Buñuel, se acercarse a la duración estándar de una sesión de cine. No recuerdo que estuvieran entre los considerados, pero yo hubiera encontrado intrigante que Dreyer, Bresson o Rossellini, por ejemplo, hubieran completado una especie de díptico sobre religiosidades extremas.

De todos modos, y aunque finalice un tanto bruscamente y «a las bravas» (lo cual no es nuevo en Buñuel), *Simón del desierto* es, como algunas otras no del todo satisfactorias por incompletas, una película excelente, y en modo alguno ajena al universo buñueliano, más bien todo lo contrario: no sólo tiene vínculos evidentes con *Nazarín* o *Viridiana*, igualmente escritas con el católico Julio Alejandro y centradas en la inutilidad, o al menos la ineficacia, de la caridad y la fe, por sinceras que sean como impulsos en personas de buena voluntad, sino también con *Robinson Crusoe*, *El ángel exterminador* y *La Voie Lactée*, por diferentes aspectos. Lo que Buñuel parece percibir (y tal vez lamentar) en Simón como escasamente eficiente serían el ascetismo llevado a sus últimas consecuencias y el ideal de pureza absoluta. Naturalmente, como tampoco lo fueran *Nazarín* ni siquiera la más esquemática *Viridiana*, no es *Simón del desierto* el irrespetuoso panfleto que muchos quisieron ver cuando empezó a mostrarse en algunos festivales y luego en algunas salas. Parece claro, como se ha dicho, que a Buñuel le conmovían, emocionaban y causaban simpatía y hasta admiración ciertos rasgos como la obstinación, la sinceridad y la fidelidad a sus ideas, por descabelladas o excesivas que fueran, de algunos de sus protagonistas. Cabe sospechar que detestaría la figura de un apóstata más aún que la de un fanático, pese a que estos le disgustaban incluso si apoyaban una «buena causa».

Como es habitual, la crítica (siempre presente incluso junto al elogio) se manifiesta por dos vías que se superponen: una más visible, porque actúa en superficie, y que es el humor y, en ciertos casos, un agudo sentido de la caricatura, y la otra menos patente, más soterrada e implícita, con frecuencia inadvertida, que es una estructuración muy rigurosa (y a menudo muy original, atrevida y compleja) del relato, que supera en eficacia otras tentativas en este sentido porque consigue unirla a una gran claridad, que logra que por lo general no se perciba (o muy pronto se olvide) esa estructura. El que *Simón del desierto* sea una obra *inacabada* hace que, sin por ello estar descuidada la construcción narrativa, predomine el humorismo, hasta el punto de convertirla (¿involuntariamente?) en la más bufa y burlona de todas las películas de Buñuel, superando incluso a *Ensayo de un crimen* o *Susana*, apartándose, en eso, de *Nazarín* (su film más *serio*, junto con *Los olvidados* y *Una mujer sin amor*). Estructuralmente, en cambio, *Simón del desierto* tiene su más claro precedente en *El ángel exterminador*, ya que concentra la acción en un espacio único y bien delimitado —aunque no cerrado, sino abierto, en esta ocasión—, el de la columna en la que Simón ayuna, ora y medita, apartado del mundo, sobre sus pompas y sus tentaciones (de las que no logra alejarse por completo), en medio del desierto y a una altura vertiginosa.

La idea de la película, como ya otras veces había sucedido en Buñuel, proviene de sus lecturas bíblicas, apócrifas, heterodoxas y heréticas, por lo que no sólo se inspira en la vida y milagros de Simeón el Estilita y algunos de sus émulos o imitadores, sino también en las tentaciones del Diablo a Jesucristo cuando éste se retiró al desierto: mientras Simón (admirablemente interpretado por un frecuente cómplice de Buñuel, el sobrio Claudio Brook) rechaza imperturbablemente la farisaica adulación de sus seguidores y los víveres que le ofrecen, el Diablo (Silvia Pinal) le tienta bajo los más diversos y divertidos disfraces (desde el de colegiala, que le enseña sus inocentes piernas y pechos, al de un Buen Pastor que pega una patada al cordero pascual). Simón resiste estoicamente y se mantiene firme y casi imperturbable en su columna, mientras que, en paralelo, Buñuel nos obsequia con una crónica «entomológica» de la vida del estilita, señalando todos los problemas de prosaico orden práctico que se le presentan o pueden presentarse a un hombre en la situación de Simón: el calor, el hambre, la suciedad, el mal olor, las moscas (interrumpe sus oraciones en latín para comentar: «hoy no hay moscas»), el aburrimiento («esto de las bendiciones, además de santo, resulta muy entretenido»), la locura («empiezo a darme cuenta de que no me doy cuenta de lo que hago»).

Toda la película es muy sencilla de personajes y situaciones, y está resuelta casi únicamente a base de grúas hacia y alrededor de la columna, siempre funcionales (no decorativas) y de gran claridad espacial. A ello se suman las divertidas y absurdas discusiones teológicas que mantiene Simón con sus discípulos (una de ellas, gritando: «viva la hipóstasis» y «muera la hipóstasis», anuncia los hilarantes diálogos de *La Voie Lactée*, construida sobre este principio), su exigencia (les reprocha volverse a mirar a Silvia Pinal cuando pasa por allí, no acepta ser ordenado sacerdote), sus relaciones con un pastor enano, su anciana madre y un fraile saltarín, o con los insectos y otros animalillos. Pero quizá lo más disparatado sean las tentaciones del Diablo (que aparece, por ejemplo, en un veloz féretro que se desliza por el desierto), y sus hilarantes discusiones con Simón («aunque te asombre —le dice—, tú y yo nos diferenciamos en muy poco: creo en Dios Padre, pero en cuanto a su único Hijo tendríamos mucho que hablar»). Acosado por el Diablo y por alucinaciones, harto de sus aduladores (que acaban por acusarle de ser un «rebelde enviado de Satanás»), Simón no consigue alejar al Demonio, que le lleva en *jet* a Nueva York, en un salto de quince siglos que hubiera sido el primero de muchos viajes a través del tiempo y de las tentaciones que hubieran constituido la segunda parte, no rodada, de la película. Quedan 45 minutos que, por supuesto, se hacen cortos, pero cuyo final, accidentalmente, se convierte en un equivalente del de *El ángel exterminador*, sugiriendo sin mostrarlo lo que iba a suceder: Simón, convertido en un *beatnik*, abandona, aburrido y con un *vade retro* cansino, a Silvia Pinal, que baila un desenfrenado *jerk* en un club nocturno neoyorquino.

LOS ADIOSES DE BUÑUEL

El arranque del último periodo de la obra de Luis Buñuel puede fijarse, tras los éxitos consecutivos de *Viridiana* y *El ángel exterminador* —que le devuelven definitivamente un grado de prestigio sólo alcanzado al comienzo de su carrera—, en el regreso a Francia para rodar *Le Journal d'une femme de chambre*. A partir de ahí, concluye —salvo el breve, inacabado *Simón del desierto* en 1964/5— la etapa mexicana, y casi toda su producción es francesa, aunque con alguna breve escapada española. Aumentan los presupuestos, el renombre y la calidad teórica de los actores, mejora el «acabado» de sus películas, que se hacen, si no lujosas, más suaves y «elegantes». Su apellido aparece normalmente en los créditos sin tilde; de ahí que a veces se distinga, con alguna ironía, entre «Bunuel» y Buñuel, como queriendo insinuar cierta afrancesada domesticación de sus impulsos más hispánicos, que encontraron en México el terreno propicio que nunca le brindó España.

Son quizá, sobre todo *Belle de jour* y *Le Charme discret de la bourgeoisie*, sus mayores éxitos comerciales, pero lo cierto es que su cine parece más «asimilable», menos capaz de provocar escándalo, y pierde repercusión: se aceptan o rechazan (con muy poca pasión) sus obras finales como ocurrencias seniles, como excentricidades ya conocidas e incluso repetitivas, dando a entender él mismo que ya no tiene nada que decir y presentando cada película —no sin coquetería— como la última que haría, aunque sólo a partir de 1977 —tras diez años de anunciarlo— cumpliese su promesa.

Aunque es indudable que algunas de esas películas —ocho si contamos desde *Le Journal d'une femme de chambre*, seis si empezamos por *Belle de jour*— son, a primera vista, menos atractivas y virulentas que parte de las anteriores, encuentro indiscutible que por lo menos dos de ellas —*Tristana* y *Cet obscur objet du désir*— se cuentan entre sus obras maestras máximas, y me he ido convenciendo de que todas ellas han sido insuficientemente valoradas y analizadas o excesivamente minusvaloradas, por lo que merecen, con la perspectiva que hoy puede adoptarse, la más atenta revisión.

En primer lugar, porque se trata, sin duda, del periodo más libre de toda su carrera, en el que se le permitió con menos dificultades hacer su antojo, incluso si parecía incomprensible a sus productores y entrañaba cierto riesgo comercial. Parece como si por entonces ya nadie se atreviese a llevarle la contraria, y Buñuel se «hiciese el loco», además del sordo (más aún que de costumbre) para salirse con la suya, cuando le ponían alguna pega, lo que probablemente, por lo demás, no sucediera a menudo, ya que la mayoría de sus productores eran amigos, viejos conocidos e incluso cómplices, y pensaban que podían permitirse algunas infracciones a la norma, que serían admitidas gracias a llevar la etiqueta «un film de Luis Bunuel».

Esto explica, sin duda, que casi todas esas películas —con la excepción, quizá, de *Le Journal d'une femme de chambre*, probablemente, como dijimos, su película más seria y formal, además de la más «clásica» y «normal»—, más o menos disimuladamente, con mucha sutileza, sin alardes clamorosos, como quien no quiere la cosa, sean audaces experimentos narrativos, comparables en su alcance —sin que apenas nadie se maliciase de ello— a los que llevaban a cabo, de forma más ruidosa, y cada cual a su manera, los por entonces aún «jóvenes» o «nuevos» cineastas Godard, Huillet & Straub, Skolimowski, Pialat, Garrel, Eustache, Delvaux, Guerra, Rocha, Makavejev, Bertolucci, Lefebvre, Jancsó, Bellocchio, Taviani, Bene, Rivette, Resnais, Chytilová y otros cuantos cuyos nombres apenas dirán hoy nada a las nuevas generaciones de espectadores; y, curiosamente, también un trío de ancianos rebeldes, Carl Theodor Dreyer (1889-1968) en su única obra de ese periodo, la última, *Gertrud* (1964), Robert Bresson (1901-1999) y el por entonces no sólo aún vivo y coleando sino cada vez más activo y atrevido Manoel de Oliveira (1908-2015).

No era nada nuevo que Buñuel jugase con el tiempo —lo hizo en su corto inaugural, *Un chien andalou*, y en el primero de sus largos, *L'Âge d'Or*, y no dejó de intentarlo en México, en particular en *Ensayo de un crimen* y *El ángel exterminador*—, pero en esta fase final se convierte en algo casi obsesivo, en un empeño que acomete constantemente y desde los ángulos más diversos. Son también, con escasos precedentes, sus obras más oníricas, o más abiertamente fantásticas, o mejor, las que plantean y plasman en la pantalla una concepción más amplia y compleja de la realidad, que abarca, de acuerdo con los postulados del surrealismo que abrazó en su juventud —y de los que nunca apostató—, en el mismo plano, sin establecer fronteras claras ni gradaciones, tanto el mundo externo y perceptible como el interno e invisible, lo mismo lo sucedido que lo «meramente» (sólo que sin aceptar que tenga una importancia o una realidad inferior) soñado o imaginado.

Son, en consecuencia, películas tan sorprendentes que causan o pueden suscitar cierto desconcierto, cierta desorientación, lo mismo que las conductas inexplicables (o socialmente inadmisibles) de sus personajes, presentados sin embargo como normales y mostrados por Buñuel con la mayor naturalidad del mundo, y que resultan regocijantes, cuando no hilarantes, más que inquietantes.

En este periodo de prolongada despedida, el siempre fundamental humorismo de Buñuel aumenta su presencia, si cabe, en la misma medida en que lo hace un escepticismo desencantado, muy acusado al final, incluso una cierta misantropía (más que misoginia, como se dice a veces, con mirada un poco tuerta), una pérdida de confianza en el ser humano y en su capacidad de reaccionar con dignidad.

Por otra parte, el dominio de la puesta en escena y de la narración por parte de Buñuel es tan absoluto, y lo ejerce —para colmo— con tal soltura, que todas estas películas desprenden un engañoso aire de sencillez y facilidad, que se han confundido con rasgos tan ajenos a ellas como la ligereza y la intrascendencia, sin por ello desterrar, curiosamente, el inexplicable mito de la «torpeza» o el descuido técnico de Buñuel.

Sobre todo a partir de 1967 y *Belle de jour*, y ya sin interrupción durante los diez años finales de intermitente actividad, asistimos a un profundo rejuvenecimiento subterráneo —sin modificaciones llamativas— del estilo de Buñuel. El ritmo se hace vertiginoso y al mismo tiempo sinuoso en sus minuciosamente medidas modulaciones; las imágenes cobran un poder de síntesis que las hace fulgurantes y memorables, por su fuerza y transparencia plástica, así como por su capacidad de sugerencia y resonancia, pero también, simultáneamente, elusivas y hasta evasivas, por la opacidad de su sentido, nunca explícito ni exento de elementos contradictorios; los chistes y los refranes se multiplican en los diálogos (y hasta en las formas narrativas), en la misma medida que las paradojas y las traiciones o los «lapsus» de los personajes, o las sutiles distorsiones de las expresiones más convencionales.

La caracterización de los personajes, siempre precisa, llega a la penetración absoluta de la instantánea (piénsese en el Don Lope de *Tristana*, encarnado por Fernando Rey, y totalmente definido, en toda su compleja ambigüedad, en veinte segundos), y la estructura narrativa se hace cada vez más salvajemente elíptica, con bruscos saltos o cortes a partir de los cuales se encadenan perfectamente bloques de tres o cuatro secuencias engarzadas con la lógica de un silogismo y con el apoyo de rimas visuales nunca subrayadas. No creo que se haya hecho todavía, pero tengo la sospecha de que llegará el día en que estas películas se estudien en las escuelas de cine dentro de los programas de todas las asignaturas o especialidades, como modelos de audacia y economía en la puesta en escena, en el montaje y en la construcción de guiones, más allá de los enigmas y problemas que proponen, explícitamente *Belle de jour*, *La Voie Lactée*, *Le Charme discret de la bourgeoisie* y, sobre todo, las libérrimas *Le Fantôme de la Liberté* y *Cet obscur objet du désir*, y más solapadamente —pero también de forma todavía más intrigante—, detalles tan sutiles como la «marea retrospectiva» que, a la muerte de Don Lope, cierra fascinantemente *Tristana*.

Belle de jour (1966/7)

Si la memoria no me falla ni engaña, creo recordar que en ciertos medios y ambientes se tuvo por algo escandalosa esta película de 1967, que, sin embargo, hace ahora unos veinte años (pongamos en 2005), casi todo el mundo hubiese encontrado más bien inocente y nada ofensiva, excepto para gente muy pacata y exageradamente puritana. En cambio, en curiosa paradoja sobre el eterno progreso y el incontenible curso de la historia, cabe sospechar que en 2025 no se podría hacer: se vería proscrita ya desde el guión, pues no lo aceptarían los productores y menos aún los órganos subvencionadores, los distribuidores, las cadenas de televisión o las plataformas. Y sospecho que, si por casualidad casi milagrosa, tal película llegara a ser realizada, sería muy mal recibida y Buñuel se vería acusado de un montón de defectos y vicios —y es posible, según el libro de su mujer Jeanne Rucar*, que

*. Jeanne Rucar, *Memorias de una mujer sin piano*, Cabaret Voltaire, 2016.

de algunos fuese culpable—, como mínimo de «machismo heteropatriarcal», y ello no por parte de los habituales odiadores de Buñuel, sino, sobre todo, de algunos de sus presuntos partidarios más teóricamente entusiastas.

Y es que cada vez se confunde más a menudo a los personajes de cualquier ficción con sus creadores, a los que se atribuyen frases, comportamientos, conductas, intenciones y ofensas que nadie en la realidad ha pronunciado, perpetrado o cometido más que imaginariamente, las haya descrito con palabras o las haya representado con actores e imágenes en movimiento. Mucho se puede temer que lo que repetía un sensato inspector de policía a Archibaldo de la Cruz en *Ensayo de un crimen* (1955), «el pensamiento no delinque», es algo que hoy parece ser «papel mojado», y no tiene vigencia ni mental ni legalmente.

No es que Buñuel haya sido nunca muy devoto del «realismo», sino, precisamente, del surrealismo, pero creo que está muy claro, desde las imágenes inaugurales de *Belle de jour*, que no estamos empezando a ver una película de aspiración realista. Al conocedor de *Un chien andalou* le sorprenderá, sin duda, que tantos años después, y tras hacer cine en México, en Francia y ocasionalmente en España, Buñuel nos presente, a través de «un murciano» (Francisco Rabal) y una mezcla de *gangster* y *blouson noir* (Pierre Clémenti), a personajes que parecen más propios de finales de los años 20 del pasado siglo, y que incluso recuerdan, por pinta, posturas, gestos, andares, desplantes, ademanes, chulerías y actitudes, a los encarnados con anterioridad en su primera película (pese a ser muda) por Pierre Batcheff y algunos del resto de figurantes (Pancho Cossío, Juan Esplandiú).

La verdad es que la novela de Joseph Kessel en que parcialmente se basa no tiene, desde mi punto de vista, mucho sentido ni excesiva consistencia, pero daba pie a que Buñuel se permitiera algo que sin duda le apetecía, sobre todo porque en los últimos años otros cineastas más jóvenes estaban jugando con la móvil línea divisoria entre la realidad y la ficción, con los sueños o los recuerdos mezclándose con la realidad presente. Y como parecía que, a estas alturas de su carrera, se lo podría permitir, estaba tentado de no dejarse superar por Alain Resnais (*L'Année dernière à Marienbad*, 1961), Federico Fellini (*Otto e mezzo*, 1963), André Delvaux (*De Man die zijn haar kort liet knippen*, 1965), Ingmar Bergman (*Persona*, 1966), o Michelangelo Antonioni (*Blow Up*, 1967), entre otros, en un terreno que le gustaba explorar.

En esta ocasión, Buñuel optó por servirse de imágenes que serían consideradas no sólo «normales», sino límpidas, sencillas, nítidas, hermosas, que se sucedían con un montaje «invisible» y fluido, con suaves movimientos de cámara deslizantes, que pueden recordar a los del muy «buñueliano» Alfred Hitchcock* de

*. Al hilo de las relaciones que venimos apuntando entre Buñuel e Hitchcock, recomiendo leer un libro nada fácil de encontrar: Jesús González Requena, *Escenas fantasmáticas. Un diálogo secreto entre Alfred Hitchcock y Luis Buñuel/Phantasmatic Scenes. A secret dialogue between Alfred Hitchcock and Luis Buñuel*, Centro José Guerrero, Granada, 2011.

esa misma década de los años 60 del siglo XX y que le permiten eludir la convencional y patente frontera que se suele ofrecer al espectador para que se oriente acerca de dónde se encuentra en cada momento: si en la realidad, el presente, lo normal, o en el pasado, un sueño, una alucinación, un recuerdo deformado o borroso. Esta indefinición resulta pronto «mosqueante», insegura o incluso inquietante, en la medida en que se nos hace asistir, sin advertencia previa ni posterior aclaración o confirmación, a escenas, comportamientos o sucesos que parecen incompatibles entre sí, incoherentes o contradictorios, y que no sabemos «a ciencia cierta» cómo considerarlos, si tomárnoslos en serio o no, si se trata de hechos ciertos o de «visiones», mientras que, en el fondo, debiéramos ser conscientes —pero raramente lo somos del todo— de que una película es enteramente ficción en su totalidad, sin que quepa distinguir en el interior de su transcurso diferentes niveles de «realidad».

Tal incertidumbre puede irritar o molestar a algunas personas, o divertir y estimular a otras, entre las que me cuento. Creo que, junto a cierta nostalgia juvenil del surrealismo, uno de los elementos básicos del cine de Buñuel es su sentido del humor, y dentro de él su afición al *juego*, no porque tenga algún rasgo de ludópata, sino porque entiende que ofrecer al público una película tiene bastante en común con contar un cuento a unos niños o a un grupo de amigos.

Por eso, para divertirse con las películas de Buñuel, conviene *entrar en el juego*, y no tomárselas *demasiado en serio*, como ha sucedido en tantas ocasiones. A diferencia de algunos otros cineastas, Buñuel nunca parece haber creído, por lo menos a partir de la Guerra Civil, que una película pueda alterar el curso de la historia, ni ha confundido la cámara con un fusil, ni el cine con una tribuna de orador. El *suspense* que hay en *Belle de jour* no está en la intriga más bien intermitente que narra, ni siquiera en el muy pasivo personaje de Séverine (Catherine Deneuve) que Buñuel finge seguir a lo largo de una serie de peripecias incompatibles, sino en la misma estructura de la película: lo que nos hace contemplar atentamente una historia tan insegura y poco concluyente no es averiguar quién ni por qué hace o deja de hacer tal o cual cosa, sino, más simplemente, qué pasa, y si lo que estamos viendo en la pantalla pasa realmente en el presente o, por el contrario, sucede en la cabeza, en la memoria, en los deseos de futuro, en los sueños o en los presagios; aunque en el fondo, lo más misterioso de esta película consiste en lo que contiene una cajita de la que se puede oír un zumbido (como de una avispa) que trae un cliente oriental (de aire tal vez coreano, aunque resulta que Iska Khan había nacido en Yugoslavia) de Séverine, precisamente porque deja a la imaginación de cada espectador qué hay en ella y qué querría hacer con ella, como sucede con el resto de «presencias elípticas» insinuadas en algunas otras películas de Buñuel, así los sacos que cargan los «hombres del saco» y el propio Fernando Rey en *Cet obscur objet du désir*, o ciertos objetos con los que Francisco Galván (Arturo de Córdova) se dirige inquietantemente al dormitorio de su esposa Gloria (Delia Garcés) en *Él*.

La Voie Lactée (1968/9)

Cuando la vi por vez primera, y única durante varios años, escribí con gran entusiasmo sobre ella tras esa impresión inicial. Sus sucesivas revisiones, sin embargo, me resultaron vagamente decepcionantes, en diversa medida y por variables razones, y contribuyeron a hacerme dudar acerca del valor real del periodo final de la filmografía buñueliana. No era simplemente —a veces sucede— que, tras una primera visión deslumbrante, una nueva mirada descubriese defectos o limitaciones, cosas demasiado explícitas o, por el contrario, exageradamente oscuras, sino que en una tercera inspección su perfección parecía restablecerse, aunque en la cuarta volvieran a presentarse reservas a mi admiración. Como ya advertí, esta oscilación entre que me pareciese primero una de las obras cumbre de Buñuel y luego simplemente una muy buena y divertida película se ha seguido manteniendo, y es un caso extrañamente duradero en mi larga experiencia de espectador de cine. A riesgo de que la próxima contemplación de *La Voie Lactée* la vuelva a restablecer a mi valoración inicial, daré cuenta a continuación de lo que me ha *parecido* en marzo de 2025.

Sin advertencia previa, Buñuel toma a dos peregrinos que hacen desde París el Camino de Santiago («La Vía Láctea» para los laicos franceses), Pierre (Paul Frankeur) y Jean (Laurent Terzieff), como hilo conductor de un viaje a través del tiempo en el que se van encontrando, entre otras cosas y personajes, a representantes de algunas de las múltiples herejías que en el mundo han sido y que a menudo se han enfrentado entre sí además de a la ortodoxia. Acompañando a esos dos peregrinos de 1968 (un viejo y un joven), Buñuel se mueve con entera libertad, saltando de una época a otra, de modo que lo mismo asistimos a orgías en latín de Prisciliano que a un duelo a florete y teología entre un jesuita y un jansenista del siglo XVIII, sin que nada impida a Buñuel echar un vistazo a las bodas de Caná ni presenciar las sesiones de la Inquisición, las torturas de un sádico Marqués a una jovencita muy creyente, o el recitado de anatemas, por turno, a cargo de unas colegialas, mientras uno de los peregrinos imagina que unos revolucionarios de 1968 fusilan al Papa.

Aunque, como de costumbre en el cine de Buñuel, se trate de una estructura muy cuidada, no debe pensarse que sea rígida e invariablemente subordinada al progreso espacial de los peregrinos, pues a veces los precede y en otras ocasiones los abandona, como en la antológica secuencia de las disquisiciones teológicas del *maître* y los camareros de un hotel versallesco, o que introduzca digresiones audaces, como la de la elegante prostituta de carretera encarnada por Delphine Seyrig, o la de una posada en la que los cazadores se ven acosados por un cura, que les habla desde el otro lado de la puerta, y por una mujer que repentinamente aparece en la cama.

Se trata, pues, de una estructura basada en el *encuentro*, idea capital en el surrealismo, y cuyo más claro exponente es para mí *Nadja*, la genial novela de André Breton. Sospecho que el problema que personalmente no me parece del todo bien resuelto en *La Voie Lactée* radica no en su estructura, sino en el variable contenido de cada uno de sus eslabones. Por un lado, porque el tema de la película son las ideas religiosas, sean heterodoxas u ortodoxas, razonables o delirantes, y, salvo contadas excepciones, fundamentalmente verbales, lo que hace, para los legos en la materia, que tales debates y discusiones unas veces sean desternillantes y otras demasiado enigmáticos para nuestra ignorancia, y por tanto algo aburridos. A quien no se interese en absoluto por las cuestiones de ortodoxia y heterodoxia en materia teológica, o sienta aversión o indiferencia por lo dogmático, es muy dudoso que le interese igualmente la película durante todo su metraje. *La Voie Lactée* prolonga, además de sus juegos con el tiempo y la realidad en *Belle de jour*, ciertos aspectos, a menudo explicitándolos, de *L'Âge d'Or*, *Nazarín*, *Viridiana* y, sobre todo, la inacabada *Simón del desierto* (1964/5), que podría servir de excelente prólogo a *La Voie Lactée* precisamente por haberse visto convertido ese gran mediometraje en algo parecido a una suerte de esbozo del posterior largo.

Tristana (1969/70)

Hay que reconocer que sólo una porción minoritaria de la obra de Buñuel es española, al menos oficialmente, y que no fue, como se decía en mis tiempos, «profeta en su tierra». Como sabemos, donde más logró trabajar fue en México, y después en Francia. En España, aunque últimamente se ha querido presentar como «española» *Un chien andalou*, en lo que yo encuentro una concepción acaparadora del patriotismo, esgrimiendo como pretexto que se financió en parte con un dinero que le dio a Buñuel su madre, lo cierto es que sólo filmó aquí parte de ese corto —su primera creación cinematográfica—, parte de *L'Âge d'Or* en 1930, y parte de *Las Hurdes* en 1932. *Un chien andalou* se vio, sobre todo y desde el principio, en sociedades de filmología, instituciones culturales, cineclubs y filmotecas. *Las Hurdes* se prohibió gubernamentalmente, aparte de ser, incluso en épocas más recientes, acusada de falsedad y considerada ofensiva por las fuerzas vivas y autoridades de las zonas cercanas a la comarca. Volvió a rodar en nuestro país en 1961, con *Viridiana*; tuvo alguna pega de la censura en el guión, especialmente con el final, que Buñuel cambió leve e ingeniosamente. Pero el escándalo surgió después, cuando el órgano vaticano *L'Osservatore Romano* cargó contra la película y el gobierno de Franco la prohibió, retirándole la nacionalidad española. Suerte (o quizá precaución) que era coproducción con México y que el negativo estaba allí, o de lo contrario lo hubieran quemado y no existiría. Todo ese barullo acrecentó la fama y la difusión de la película, como suele suceder, e impidió que se estrenase en España hasta la muerte del dictador.

Ya nadie recuerda —y algunos celebrarán y procurarán con ahínco que así sea, por la cuenta que les trae— la campaña de maledicencia urdida y desatada contra Buñuel en algunos ambientes supuestamente cinematográficos y culturales en general que se autotitulaban progresistas e izquierdistas en cuanto se hizo pública su intención de hacer en España una versión de la novela de Pérez Galdós *Tristana*. Se le trató de colaboracionista en adelante, se le trató, o se insinuó más bien, de entreguista, traidor y otras lindezas, como si el hecho de intentar —¡tras lo sucedido con *Viridiana*!— rodar de nuevo en España no fuera una empresa de riesgo y que podría resultar beneficiosa, si nada lo impedía, para los demás cineastas del país, sobre todo para los aspirantes, que por entonces eran alumnos de la Escuela Oficial de Cinematografía (E.O.C.). Todo ello, claro, antes de que empezara a rodarla y sin leer el guión.

Afortunadamente, *Tristana* se filmó sin mayores contratiempos y fue generalmente muy apreciada como una de las grandes obras de madurez de Buñuel, con varios personajes memorables: además de Tristana (Catherine Deneuve), Don Lope (Fernando Rey), Saturna (Lola Gaos) y su hijo Saturno (Jesús Fernández), que dejan a Horacio (Franco Nero) un tanto desdibujado.

Don Lope es un personaje que al mismo tiempo se critica y se muestra en todos sus defectos y debilidades (es un pequeño rentista provinciano, que no ha hecho nunca nada más que hablar, que se aprovecha de su protegida, que es presumido y a menudo presuntuoso, que se cree avanzado y original); tiende a resultar bastante simpático, pese a todas sus múltiples faltas, porque también es inconformista, algo crítico e irónico, además de tener cierto parecido con el propio Buñuel. Y como Buñuel nunca blanquea ni idealiza a sus personajes, nos puede parecer mal e incluso repugnante e indecente su conducta y al mismo tiempo hacernos un poco de gracia y darnos otro poco de pena, algo no infrecuente con los personajes asignados a Fernando Rey.

En mis tiempos de estudiante, era imposible acabar el Bachillerato sin haber leído parte (o varias porciones) de la caudalosa obra literaria de Don Benito Pérez Galdós. Pero también, junto a muchos admiradores que lo tomaban como modelo, ha tenido abundantes detractores, a mi entender muy fuera de lugar en ocasiones: ha circulado mucho una visión de él como provinciano —cuando de los autores de su tiempo pocos eran tan viajeros, conocedores de otras lenguas y cosmopolitas— y «garbancero». Buñuel era de otra generación y debió leerlo, si acaso, por curiosidad o por gusto, no por obligación escolar, que es algo que casi nunca genera grandes pasiones, salvo negativas. Y, desde luego, aunque de joven se interesaba más por otras cosas, no lo desdeñó nunca, sino que lo adaptó, con mayor o menor fidelidad a la letra, pero bastante al espíritu, en dos de sus películas, *Nazarín* y *Tristana*, y en algún otro momento se planteó hacer *Doña Perfecta* y alguna más, o tomar alguna cosa de *Ángel Guerra*. Eso sí, siempre destacó que las que adaptó al cine no le parecían las novelas más logradas, como tales, de Galdós, sino aquellas de las que le interesaba algún personaje o algunas situaciones, Nazarín en la primera y, más aún que Tristana, Don Lope en la segunda.

Hay que destacar que pese a ser *Tristana*, como tantas otras de Pérez Galdós, esencialmente madrileña, Buñuel trasladó su acción por completo a Toledo, y ello no sólo porque creyese que sería más fácil rodar allí que en Madrid, lo cual se ha ido haciendo cada vez más dudoso en todas partes, no sólo por el tráfico y los elementos arquitectónicos, ornamentales y publicitarios que resultarían anacrónicos, sino porque desde que se trasladó de su Calanda natal y de la Zaragoza de su infancia a Madrid para estudiar en la Residencia de Estudiantes, donde conoció a García Lorca, Dalí, Pepín Bello y otros varios amigos juveniles, formó con varios de ellos una «Orden de Toledo» que se venía en vagones de ferrocarril de tercera clase a Toledo para pasar los fines de semana, aposentándose en la Posada de la Sangre y frecuentando otros locales de beber y comer en Zocodover y sus alrededores, y ya fuera de la ciudad, en la Venta de Aires.

No es Buñuel, a diferencia de otros directores de cine, muy aficionado a usar como modelo de algunas de sus imágenes referencias pictóricas, que muchas veces se le han atribuido, por ser ambos aragoneses, a Goya, lo que no suele traslucirse salvo en el arranque de *Le Fantôme de la Liberté*. Cuando periodistas o críticos extranjeros han creído ver sus ecos en el cine de Buñuel, él solía replicar que, si lo decían por la presencia de enanos, era Velázquez el único con el que se le podía asociar, y de los demás sólo reconocía posibles recuerdos inconscientes, casi nunca deliberados, de cuadros o dibujos que, claro, conocía.

Aunque al filmar *Tristana* Buñuel tenía una edad con la que, hoy día, no le consideraría «viejo» (entonces, con 22 yo y él 70, me lo parecería), sí es una «gran película de viejo», como lo eran, desde los 60 del siglo XX, algunas obras tardías, de madurez y resumen, a veces testamentarias, de grandes cineastas, casi todos formados durante el periodo mudo, cuando lograban que todavía les dejasen dirigir (cosa nada fácil, pues las compañías de seguros, si no tenían un buen éxito de taquilla reciente y gozaban de muy buena salud física, les forzaban a un retiro prematuro y frustrante). Cineastas como Ford o Capra se pasaron muchos años intentando llevar a cabo varios proyectos que ansiaban realizar, sin lograrlo. Los que lo consiguieron, a menudo generaron algunas de sus obras mayores, en alguna ocasión incluso una considerada obra maestra. Eran de muy diverso género, estilo, tonalidad, energía y humor, pero tenían ciertos rasgos en común, como ser muy ricas y complejas bajo una apariencia de simplicidad, serenidad y sabiduría que con frecuencia hacía creer que les había resultado muy fácil hacerlas.

Tristana es, creo yo, la primera «película de vejez» de Buñuel, que luego —pese a anunciar varias veces, como se ha dicho, que ya no haría más— rodó otras tres, la más famosa y premiada, *Le Charme discret de la bourgeoisie*, *Le Fantôme de la Liberté* y la menos conocida y una de las más surrealistas de su filmografía —y la para mí mejor de su obra tardía—, *Cet obscur objet du désir*. Un rasgo fundamental de estas películas, que son claramente de las que hizo con mayor libertad, gracias a productores que parecían ser admiradores suyos a la par que astutos comerciantes: sabían que, a esa altura de su vida, a Buñuel se le iba a permitir cualquier cosa, que todos los actores estarían encantados de rodar con él, y que sería un contrasentido si le pusieran trabas los propios financiadores. Era ya tan famoso que sus películas se estrenarían en todos los países, y Buñuel era respetado por rodar rápidamente y con pocos costes, de tal modo que ni sobrepasaba el presupuesto ni excedía el plan de rodaje.

Gracias a esas circunstancias, Buñuel consiguió hacer efectivo, en varias ocasiones consecutivas, ese paradójico ideal que representa la fusión de clasicismo y vanguardia, de libertad argumental y claridad narrativa, de eficacia, precisión y misterio. Como primera de esa serie de películas, la más evidente de todas es *Tristana*, que sin embargo ya anuncia las crecientes libertades que se iba a tomar con ese sorprendente final que parece un imposible rebobinado fulgurante y acelerado de la historia de Tristana, Don Lope y Saturna que acaba de interrumpirse con un final parcial y por ello provisional.

Le Charme discret de la bourgeoisie (1972)

Desde *El gran calavera* (1949), *Los olvidados* (1950) y *Susana* (1950/1), hasta llegar a *Nazarín* (1958/9), *The Young One* (1960) y *Viridiana* (1961), pasando, claro está, por *Robinson Crusoe* (1952/3/4), *Él* (1952/3) y *Ensayo de un crimen* (1955), Buñuel se convirtió en lo que nadie se pudo imaginar en 1930, es decir, en un gran cineasta clásico, que conjugaba una inusitada capacidad de narrar con concisión y elegancia con una no menor libertad estructural. Plano por plano, su empleo del espacio, su forma de encuadrar, son perfectamente comparables con los de cineastas, a menudo mayores que él por nacimiento o por haber empezado a hacer cine durante el periodo mudo, como Jean Renoir, Fritz Lang, Alfred Hitchcock, Allan Dwan, Raoul Walsh o John Ford: no hay encuadres rebuscados ni retorcidos, todo resulta claro y legible, plano tras plano, aunque puede que tras la sucesión de varios nos preguntemos qué ha sucedido exactamente en la última secuencia o dónde estamos ahora, qué parece haber cambiado, porque se detecta un impreciso aire de extrañeza.

Esta vaga sensación, tan típica del cine de Buñuel, se manifiesta paulatinamente, desde su inicio y de forma persistente, en *El ángel exterminador* (1962), posiblemente la más misteriosa de todas sus películas, incluso contando las posteriores. Si formalmente *El ángel exterminador* es tan clásica, ortodoxa y tradicional como *Tristana* (1969/70), *Le Charme discret de la bourgeoisie* (1972) o *Cet obscur objet du désir* (1977), no sucede lo mismo con su forma de narrar, que se va haciendo cada vez más opaca e imprevisible, al mismo tiempo que visibiliza de algún modo su singularidad: por ejemplo, en la última, que dos actrices nada parecidas entre sí (Carole Bouquet y Ángela Molina) se turnen arbitrariamente para encarnar a un personaje único, la «Conchita» de *La Femme et le Pantin* (La mujer y el pelele) de Pierre Louÿs, sin nada que alerte o explique tales cambios. Estas «señales de alarma» o «advertencias» subliminales (como tres o cuatro gestos, acciones o planos que se repiten en los primeros minutos de *El ángel exterminador*, lo bastante ambiguos como para que el espectador dude de si los ha visto realmente o sólo ha creído verlos), crean una sensación de incertidumbre, parecida a un *suspense* menor o ligero (menos dramático), no basado en el argumento, que apenas existe como tal, sino en la propia continuidad y dirección de la película, que avanza imparable sin anunciar hacia dónde o cambiando de rumbo brusca e inesperadamente cada poco tiempo; en el caso de *Cet obscur objet du désir*, simplemente porque Carole Bouquet sustituye a Ángela Molina o viceversa.

No discuto que estas innovaciones de la última etapa de la filmografía de Buñuel puedan perturbar, desconcertar, desorientar o irritar a algunos espectadores, aunque no parece que haya sido el caso, al menos de modo estruendoso. De hecho, precisamente a estas alturas de su carrera, y además de la construcción del relato a través de la estructura narrativa de cada película, y del empleo del humor, Buñuel agrega un nuevo elemento, que *Le Charme discret de la bourgeoisie* ilustra a la perfección: la interrupción. Es un factor de aspecto paradójico, ya que parece contrario al avance y la fluidez de la narración, pero que no es desconocido para otros cineastas practicantes asiduos del *collage* o de la digresión, tan diferentes como Godard o John Ford, aficionados a combinar el arte de dar rodeos con su complementario, el de hacer elipsis y pegar saltos en el tiempo o el espacio.

Es posible que, tras echar cuentas, acabe siendo *Le Charme...* la película de Buñuel vista por más personas y más rentable, posiblemente por contar con un amplio reparto de buenos actores más o menos conocidos internacionalmente, porque su título, por motivos muy variados, resulta a la vez intrigante y prometedor, y porque combina a buen ritmo un aire de misterio y mucho sentido del humor.

Le Fantôme de la Liberté (1974)

La penúltima película de Buñuel es extrañamente juguetona y saltarina, ligera y juvenil, un poco como *Family Plot* (La trama, 1976) en la obra de Alfred Hitchcock, y, como ella, una pieza relativamente menor en un periodo rico en obras maestras.

Está escrita y realizada con absoluta libertad tras el éxito de *Le Charme discret de la bourgeoisie*, y con el propósito —según relató Jean-Claude Carrière, reconociendo que eso tiene su peligro, en la presentación del DVD editado por Criterion en 2002— de incumplir todas las normas habituales de la narrativa dramática clásica. En efecto, no existe en la práctica una línea continuada, sino que seguimos una peripecia, a veces muy tenue, otras más prolongada, a menudo sin mucho sentido y otras veces interrumpida, y al cruzarse el personaje inicial con otro, pasamos a seguir al desconocido, para no volver al inicial o hacerlo, si acaso, muchos minutos más tarde. Semejante estructura es, obviamente, muy arriesgada, y necesitaría que cada tramo de esa trayectoria azarosa fuese muy brillante, intrigante o ingenioso, lo cual es un objetivo sumamente difícil de lograr, sobre todo en una película de este tipo. A a mi entender, este objetivo no se alcanza plenamente en *Le Fantôme de la Liberté*, que por eso resulta bastante menos satisfactoria que la anterior y que la siguiente.

Algunos episodios se hacen demasiado largos y vagos (no inspiran mucha curiosidad las fotos no vistas que da un supuesto pederasta a dos niñas), otros empiezan bien pero no acaban (el de la posada de carretera y el tirador desde una torre se prolongan en exceso), más allá de su interés. Esta estructura de eslabones no dependientes es muy arriesgada porque es fácil intrigar en un minuto o dos, pero en un lapso de tiempo reducido y sin continuidad posterior es muy difícil desarrollar brillantemente esa idea inicial. Ni la inventiva de Buñuel y Carrière basta siempre para tener inspiración y ritmo suficientes en diez mini-episodios que suman cien minutos. En el fondo, los personajes apenas llegan a tener una personalidad propia, más allá de su mera función (padres, niñeras, niñas, pederasta, francotirador, policía).

Cet obscur objet du désir (1977)

Ignoro si Buñuel se propuso conscientemente alcanzar un objetivo que podría sintetizarse como «hacer una película que a la vez fuese clásica y completamente moderna», es decir, de narrativa tan libre que resultara imprevisible en cada momento qué va a suceder a continuación, no digamos qué rumbo va a tomar y cómo va a terminar. Buñuel llevaba ya varios años coqueteando, como algunos otros célebres cineastas veteranos (Bergman, Fellini), con la idea, reiteradamente anunciada, y no mucho después incumplida, de que su más reciente película iba a ser la última, y tampoco ha quedado constancia de que con *Cet obscur objet du désir* tratara de despedir su carrera; en cualquier caso, no creo que se pueda considerar testamentaria, ni que tenga deliberadamente la pretensión de quedar como su «última palabra» cinematográfica. Es, en cambio, una película nada solemne ni melancólica, sino juvenil y juguetona, pese a que en ella Buñuel se muestre algo decepcionado acerca de «a dónde va el mundo» (véanse los varios incidentes de terrorismo, atentados, atracos y tiroteos que salpican sus últimas tres películas francesas), además de intrigante y misteriosa, a imagen de su atractiva pero esquiva protagonista bicéfala (que no bifronte, pues con ambas caras hace lo mismo, sólo con leves matices diferenciales: cuando es Carole Bouquet es un poco más seria, callada y fina, cuando es Ángela Molina es un poco más mimosa, burlona, respondona y descarada, en ambos casos igualmente exasperante y atractiva para el Mathieu/Mateo que encarna Fernando Rey).

Dado que de la novela de Pierre Louÿs se habían hecho varias versiones, entre ellas, antes de la de Buñuel, dos tan diferentemente excelentes como la de Jacques de Baroncelli, *La Femme et le Pantin* (1929), con Conchita Montenegro, y la de Josef von Sternberg, *The Devil is a Woman* (1935), con Marlene Dietrich, aparte de varias más o menos fieles o apócrifas, de las que la más conocida es la de Julien Duvivier (1958) con Brigitte Bardot, nos encontramos a Buñuel rodando una nueva versión de un libro ya antiguo, quizá más de moda en sus años adolescentes o juveniles que cuando acepta o propone hacerla. No parece que revisara su vago recuerdo de la versión de 1929 ni menciona tampoco la de Sternberg, que fue prohibida en España en 1935, así que es posible que se librara de la presión de tener que competir con dos obras maestras muy anteriores, lo que permite suponer que se sentiría autorizado para adaptar la historia con completa libertad, incrementada por lo mucho que habían cambiado las cosas desde 1929, 1935 o hasta 1958, y por el rasgo inicialmente sorprendente y desconcertante, diría que experimental aunque no proclamado como tal, y por lo visto, e inesperadamente, bastante asimilable para el público, que se adaptó con facilidad y rapidez a esta novedosa anomalía, de usar a dos actrices para encarnar a un solo personaje.

La película tiene un tono alegre, de libertad absoluta, de broma, de juego, que se refleja en la confesada curiosidad y hambre de un relato por parte de los compañeros del compartimento de primera clase del tren Sevilla-Madrid que le caen en suerte a Mathieu. Lógicamente, les ha asombrado que un señor maduro, serio y elegante como él, con aire de diplomático o empresario importante y discreto, haya volcado un cubo de agua fría sobre una guapa joven con un esparadrapo de buen tamaño en la frente y un ojo amoratado. Y, lo mismo que los espectadores de la película de los que son reflejo y representantes, quieren saber por qué, qué le hizo esa joven, por qué quiere castigarla o vengarse de modo tan pintoresco y, en el fondo, leve. Comprensivo, Mathieu se dispone a complacer gustosamente a sus oyentes/espectadores, que comprenden a una señora francesa (Milena Vukotic) y su hija de unos nueve años, un juez (Julien Bertheau) y un simpático y nada acomplejado enano (que dice ser profesor de psicología, aunque recuerda al famoso «enano torero»). A través de una serie de *flashbacks*, vamos advirtiendo que la obsesión de Mathieu por Conchita (tanto cuando tiene el rostro, el cuerpo y el estilo de Carole Bouquet como cuando se los debe a Ángela Molina) es estimulada y finalmente frustrada en cada una de las muy diversas ocasiones, en diversos lugares en que se tropieza con ella, acude a sus citas o la busca con ahínco cada vez que se esfuma sin dejar huella. Junto a las oscilaciones entre la coquetería, el mimo, las declaraciones verbales amorosas e incitantes, aparecen puntuando la película, como adelanté, diversas muestras de violencia, delincuencia o terrorismo que culminan con una explosión en la que termina la carrera de Buñuel, así como varios hombres con un saco al hombro del cual no se descubre el contenido más que en su última aparición. Al final, se puede dudar de si es una broma o un misterio, en cualquier caso fascinante y de un espíritu muy cercano al surrealismo.

BUÑUEL
(*Poema*)

Es la artimaña del artista maño
Exagerar sus rasgos llamativos
Y hasta escandalosos o provocadores
A fin de colocar solapadamente
Los puntos sobre las íes
Allí donde realmente le interesa
Poner el ojo
Poner la bala
Da un tajo al ojo y todo lo rasga
Y sobre todo el telón
De la pantalla
Espejo que refleja
En esperpento
Doblado y distorsionado
Doblemente retorso
El rostro irreconocible
Del que no quiere ver
Deforme
Del que mira
Y mira fascinado
Por mirón de vocación
O mirón de profesión
Viendo desde el mirador
De capital de provincia
El paso de procesión
La progresión de la procesionaria
De la sarna
Que con gusto no pica
Pero pica a traición

Con vara de picador
Cuando menos se espera
Con un suave ademán de cortesía
Una sonrisa en el rostro
Un bello ojo y la luna
Una nube una cuchilla
Un limpio tajo barbero
Que cambia y hará alterar
La manera de mirar
Con un ojo más profundo
Rojo de sangre
La raíz de la miseria
La represión y los celos
Los impulsos asesinos
Los contrariados deseos
O la inane caridad
A veces contraproducente
Y le hinca el diente
Al ciego tradicional
Al pomposo diplomático
Al fantoche pisaverde
Al gigantesco burgués
Chico por dentro
Henchido por fuera
De puro orgullo
Buñuelo de viento
Churros con el cura
Bigotes de chocolate
Suspendida la función
Por la inminente explosión
La loca revolución
Permanente del cerebro

De la imaginación
Caja enigmática o vacía
Saco misterioso
«Agua va» desde el tren
Enano psicoanalista
Entre Toledo y Sevilla
Desde México a París
Ida y vuelta continua
Los amantes de ultratumba
Se odian a muerte vivos
Se aman a resurrección imposible
Ya enterrados
Nubarrones y rayos
Caen en seco como chuzos de punta
Electricidad estática en la pecera rota
Los peces escapan
Echando carreras a insectos y caracoles
Moscas y asnos
Cerdos y buitres
Águilas y jabalíes
Monos y hombres
Que comparten el sueño de la razón
Y la navaja parisina
Todo puñal tiene forma de cruz
Techo de cielo
Bóveda de mar
Rocas y setos
Sombrero hongo
Veguero apagado
Arde incluso el humo
Y no se extingue.